U0016399

怦然心動的人生整理魔法

人生がときめく片づけの魔法

近藤麻理惠 著　陳光棻 譯

〈推薦序〉

你替房子排毒，房子也會替你的身心靈排毒

知名部落客　Phyllis

五年半前，往生的老媽留給我一座遺物山。作爲獨生女，這座山毫無選擇地被移進我家。當時我的衣物與擺飾相當多，經營網拍所留下的庫存品也不少，但由於擅長收納，它們一直被我藏在櫃子最深處，儘管我明白這些東西自己根本用不上。

然而，爲了逃避丟棄物品的罪惡感與整理遺物的椎心之痛，並妥善「保管」這些物品，我的房子越換越大，房貸也越揹越重。幾年下來，我逐漸萌生「人役於物」的感受，於是我幾乎讀遍了坊間所有以清雜物爲主題的中譯書籍，而且每讀完一本，我就按書中所教的方法徹底執行一遍。

經過對物品進行無數次的檢視、丟棄、捐贈與網拍，我自認爲已清除掉家中所有的雜物，甚至連數量龐大的舊照片也在掃瞄建檔後全數銷毀。但不知怎的，我感覺自己不管再怎麼斷、再怎麼捨，與雜物之間始終連結著一條幽微的線。直到我讀完此

書，驚訝於作者走過與我相同的心路歷程，這才終於體認到清雜物的奧義在於：只留下令自己「怦然心動」的物品。

我的經驗是，若僅清除自己「不需要」的物品，大約只會減少總量的兩、三成。若僅留下「需要」的物品，則只會留下總量的兩、三成。我在閱讀此書前正處於後者的狀態，而且已經輕鬆地搬回坪數較小的房子居住。只不過，當我以作者的標準重新檢視剩下的物品後，我頓時認清能令我「心動」的其實不到兩成。就這樣，我又從貌似已然家徒四壁的住處，清出了兩大箱的書籍與衣物。

清除家中的雜物，心會隨之開闊，罩頂的烏雲也會隨之消散。因為你對房子好，房子就會對你好，你替房子排毒，房子也會替你的身心靈排毒。誠心向各位推薦這本書，它應該是同類型的中譯書籍裡，最最終極的版本了！

〈推薦序〉

整理我的家，讓家人回家時也能怦然心動

親子教養作家　番紅花

記得那年秋天在東京吉祥寺的旅途上，除了吃到分外新鮮柔嫩的當季秋刀魚沙西米，另外最難忘的事，就是在二手書店裡所撞見的，成排映入眼簾，美術編輯細緻、充滿和風美感的收納書籍與雜誌了，我當時低下頭和身邊兩個讀國小的女兒說，大和民族就是這麼地講究收納精神與技術，所以才可以發展出那麼可愛、趣緻，穿梭於當代或古拙手感的ZAKKA品味生活。

想想看，如果沒有一個收拾整理得潔淨清爽的房子，那麼即使在家的角落裡，放置了多有味道的馬克杯、或是一個溫潤光澤的塘瓷鍋，或是在氧化生鏽的水壺上別出心裁地種植了一株綠油油的波士頓蕨，屋子也還是光亮不起來，也還是無法讓人怦然心動呢。

就像我們是如此歡喜到飯店去度假，是因爲我們鍾情於房門一打開的那個瞬間，

那種「哇！好白！好乾淨！好舒服！」的視覺衝擊吧。

本書作者近藤麻理惠小姐的專業，就是協助深陷凌亂繁雜空間的客戶，一起動手去整理他們的人生，這樣的體會與語彙，我感覺是多麼的適切！我們的辦公桌上、書架裡、爆滿的衣櫃內，

有多少生活的印記和足跡，是需要丟棄的？

又有多少眞實的情感，是可以保留的？

丟棄是不是浪費，保留又是不是節儉？

看完這本書以後，我立即走到臥室內檢視一家四口的衣櫃，捲起袖子一口氣丟棄了五大袋棄之可惜、但其實已不令我們怦然心動的衣服，三個小時後，望著變得整齊明俐的衣帽間，我深深了解到，我們日常需要的衣服、配件、圍巾、帽子等，原來都早已齊全，就像麻理惠小姐說的：

整理的奧義，就是要把自己身邊的環境稍微整理得舒適一些，增加每天心動的感覺。在心動物品的圍繞下，生活就能變得幸福。

這本書不僅是在強調整理房子的技巧，字裡行間也隱喻著日常生活中空間是如何牽引著我們的心情和行動。做爲一個重視教養工作和婚姻情境的女性，這本書讓我溫婉又理性地回頭整理我的家，並發現如何讓家人回家時有一股怦然心動的感覺，多麼微小的事，卻又多麼的意義深遠！

前言

請你一起來體會整理魔法帶來的驚人轉變

這本書要說的是「**一旦收拾整齊，就絕對不會再亂的方法**」。

許多人一定心想：「這根本就不可能。」

因爲幾乎所有想要整理的人都免不了煩惱：就算再怎麼拚命整理，一陣子之後還是又亂了。

你也有同樣的煩惱嗎？那麼我想告訴你一件事。

首先，請先完成「丟掉」這個動作，然後再**一口氣、在短時間內、徹底收拾整齊**。只要依照正確順序進行這些動作，就絕對不會再回到原本亂七八糟的狀態。

我所教授的整理法，以過去的整理・收拾・收納術常識來看，可說是相當地不合常理。然而所有上過我一對一個人授課並畢業的學員，都仍維持著房間的整潔，最後甚至發生更令人驚訝的事，那就是在整理過後，**無論工作或家庭，連整個人生都開始莫名的順利。其實這也是把超過八成以上人生都花在收拾整理上的我，這一路以來所得到的結論。**

你一定會想：「怎麼可能有那麼好的事。」沒錯。如果只是每天丟掉一個不要的東西，或是稍微整理一下房間，其實不會有什麼顯著的效果。

但不同的整理方式，卻足以對我們的人生造成不可限量的影響，所謂「整理」就是這麼一回事。

我從五歲時就開始閱讀以主婦爲目標讀者群的生活雜誌，也因此自十五歲起就正式展開了關於整理的研究。目前的工作是以整理顧問的身分，每天指導那些「不擅收拾」「就算整理了也馬上變亂」「想整理但不知從何著手」的人，在住家或辦公室裡如何收拾整理。

截至目前爲止，我要求客戶丟掉的東西，包括從衣服、內衣到照片、原子筆、雜誌剪報、化妝品試用包等這類零碎的物品，合計數量恐怕輕輕鬆鬆就超過一百萬件。這絕對沒有誇大其辭，我甚至還曾陪同客戶一起丟掉二百多個四十五公升裝垃圾袋的東西。

正因如此，我從自己過去嚴肅面對收拾整理的經驗，以及帶領許多人從「無法收拾」變成「能夠收拾」的經驗中，有一件事絕對可以自信地告訴大家。那就是，**把家中做一次戲劇性的大整理時，不僅連想法或生活方式，甚至連人生都會發生戲劇性的變化**。

你或許會覺得「靠著整理人生就會改變，這也太誇張了吧……」，但這是眞的。

「我發現了自己自童年時期起就懷抱的夢想，所以決定辭了工作，自己創業。」

「因爲開始明確地知道對自己而言什麼是必要的、什麼是不必要的，所以我決定和老公離婚，心情眞是輕鬆暢快。」

「一直想念的那個人，不知道爲什麼就主動和我聯絡了。」

「把房間整理乾淨後，業績竟然大幅提升，眞是開心！」

「夫妻的感情不知爲什麼就變好了。」

「只是丟掉了現有的東西，竟然會有如此大的改變，連自己都嚇了一跳。」

「不知不覺就瘦了三公斤。」

我每天都會收到很多客戶的意見與心聲，這只是其中一小部分。而且他們是眞的非常開心地來向我報告這些消息。那麼，爲什麼整理家裡，不僅是想法、生活方式，甚至連人生都會發生變化呢？

詳情將在稍後依序介紹。但若用一句話來總結，**就是因爲這些人靠著整理家裡，順便「整理了自己的過去」，而且也從中明確地了解到人生中什麼是必要、什麼是不必要，什麼該做、什麼又該戒。**

我現在開辦的課程有兩種，一是名爲「**少女的整理收納課**」，以女性爲對象的居家專屬課程，另一名爲「**社長的整理收納課**」，則是以經營者爲對象的辦公室專屬課程（需要有人推薦介紹）。兩者都是一對一的個人課程。

其實直到目前爲止，來上課的客戶從未間斷，預約總是滿到三個月之後才有空，而且靠著客戶介紹和口耳相傳，陸續都有人前來詢問課程資訊。我每天都在各大城市間飛來飛去，從東京、大阪到北海道，有時候甚至遠到國外。曾經在某個團體主辦、以正處於育兒階段的媽媽爲對象的演講會上，課程開放預約後才一個晚上就額滿，連候補名額也在瞬間補滿，甚至還出現「候補的候補」名單。

話說回來，即便我如此忙碌，但老實說，我的客戶回流率卻是零。完全沒有回頭客，從商業角度上來說，乍看之下似乎是非常致命的問題。但如果我說，這就是我傳授的整理法受到廣大客戶支持的秘訣，各位是否能夠心領神會呢？

沒錯，就如同我一開始時所說的，只要按照我教的方法，**「一旦收拾整齊，就絕對不會再亂」**。換句話說，客戶在上過課後，都能靠自己的力量維持房間整理完畢的狀態，所以才不需要重複來上課。

在課程結束的幾個月後，我偶爾會用電子郵件或信件詢問客戶：「房間的狀況如何啊？」而大部分的回信中都寫到後續發生在他們身上的變化：「**非但沒有再變亂，還變得愈來愈整齊了！**」而且實際看到他們隨信寄來的照片就會發現，他們的房間比幾個月前剛上完課時東西還少，甚至連窗簾或床單都全部換新，完全展現出「**只被喜愛事物圍繞的生活**」。

爲什麼上完課的人能夠變成眞正「會整理收拾的人」呢？這是因爲**我所傳授的整理法，並非只是整理的知識技術而已**。整理這個行爲本身是一連串的單純作業，是把這裡的東西移動到那裡，把這裡的東西收到那個架子裡。如果只看行爲本身，連小學一年級的學生都會做。但如果做不到或就算整理也仍會變亂，就可能是因爲原本就難以持續某一個習慣，或是意識上的問題，換句話說，原因其實在於精神面（意識面）。

換言之，**「整理的九成得靠精神」**。如果忽略這一部分，就算丟掉再多東西、花再多心思在收納上，除了原本就擅長整理的人之外，其他的人總有一天都會原形畢露。

那麼該如何培養正確的心態呢？解決這個問題的方法只有一個。反過來說，就是要用正確的知識技術來整理。所以，請記住接下來我將要傳授的整理法，**並非一般所謂物理上的整理收納技巧，而是培養正確的整理心態，成為「會整理的人」**。

當然，過去來上過課的學生，並非所有的人都能整理到十全十美。很遺憾的是，也有些人因為種種理由，課上到一半就不來了，因而無法順利「畢業」。其中還有不少學生以為我提供的是代客整理服務，一心覺得「有人會幫我整理」，這也是不爭的事實。

自認為是**「整理專家」「整理狂」**的我敢斷言，**就算我再怎麼努力把某人的房間整理好，為他設計出像樣品屋一般完美無缺的收納空間，但在真正的意義上，我並無法整理這個人的家**。因為比起歸檔法或收納法等知識技術，真正重要的是當事人本身對生活的意識與想法，「想要在什麼東西的圍繞下生活」這種極為個人的價值觀。

「我想要不管何時都能在整潔舒服的房間裡，舒適愉快地生活……」

不管是誰都想要這種生活。而且，只要曾經把房間徹底整理過一次的人，應該都曾想過「眞想一直保持這種整齊的狀態」。

然而，多數人的經驗卻是：過去曾經試過各式各樣的方法，但過了一陣子，又變亂了……

但我可以充滿自信地說：

「誰都有可能維持整理好的房間。」

當然，爲此必須大幅修正關於整理一直以來深信不疑的想法與習慣。我這麼說，或許有人會覺得似乎有點艱深，想要打退堂鼓。不過沒關係，當你讀完這本書時，相信你應該會躍躍欲試。

經常有人會說「我是B型，最怕麻煩，所以不會整理」，或「我沒時間，所以沒辦法整理」。**不會整理不是因爲遺傳，也不是因爲時間不夠**。而是對於過去被認爲的常識，譬如「按照順序整理每個房間」「一口氣整理完又會變亂，所以要每天整理一點」「收納要按照行動動線來思考、規畫」等關於整理的種種錯誤認識，累積而成的結果。

也經常會聽到「打掃房間、把廁所掃乾淨，運氣就會變好」的說法，但在東西太多、房間亂成一團的狀態下，就算再怎麼拚命把廁所的馬桶打掃好，效果似乎也非常有限。風水也是一樣的道理。所以唯有先把房間整理乾淨，家具和擺設的配置才會活出生命。

無論什麼人，只要體驗過一次完美無缺的整理，就會體會到心動般的感覺。而且，還會實際感受到「整理過後」的人生所產生的戲劇性變化。

如此一來，就不會再回到原本亂成一團的狀態。

我稱這是「**整理的魔法**」。

這個「整理魔法」威力強大，不僅可以讓你一旦收拾整齊，就絕對不再變亂，還能輕易地展開全新的人生。

我衷心期望，能夠有更多的人，就算多一個人也好，能夠學會這個魔法。

CONTENTS

第2章 只留下讓你怦然心動的，其他統統「丟掉」！

第3章

按「物品類別」整理時竟如此順利

第4章 讓人生閃閃發亮的「心動收納課」

第5章 讓人生產生戲劇性變化的整理魔法

第 1 章

為什麼再怎麼整理都整理不好？

從此擺脫「不會整理」的惡夢

每當我介紹自己的工作：「我在開課教人怎麼整理東西。」大部分人都會睜大眼睛，驚訝地說：「這樣也算工作喔？」接下來就問：「整理東西還需要學喔？」

的確，從「廚藝課」到「瑜伽課」，甚至偶爾還會看到「打禪課」，學習才藝蔚爲風潮，導致現在學習才藝這件事似乎已成爲生活中不可或缺的一部分，但市面上卻幾乎沒有出現所謂的「整理課」。

這種現象的背後，與一直以來認爲「整理不是學來的，而是熟能生巧」的想法息息相關。就如同在家庭料理中有所謂「媽媽的味道」或是「佐藤家祖傳咖哩」，傳統技法往往有代代相傳的習慣，以祖母傳母、母傳女的方式傳承下來。但另一方面，**雖然整理也是一種家事，但卻從未聽過特地把「家傳整理法」流傳給後代的例子**。

請回想一下小時候，爸媽雖然常會生氣地大喊：「快去整理！」但應該很少人把整理方法當作教養的一部分，正式傳授給孩子吧。根據某項調查，「曾經學過整理相關理論」的人其實連百分之〇．五都不到。因爲就連擔任教養角色的父母，也不曾學過正確的整理方法。

換言之，幾乎所有的人都是用自己的方式在整理。

不僅家庭教育，即使學校教育也一直過度忽略整理的重要性。如果有人問：「說到家政課，你會想到什麼畫面呢？」或許多數人會想到的都是，小組吵吵鬧鬧一起做漢堡排的烹飪課，或是用不熟悉的縫紉機縫製圍裙的裁縫課吧。

實際上，在中小學家政課的教科書中，整理所分配到的比例，與烹飪、裁縫等相比可說是低得驚人。而且上課時也只是照本宣科地將這少得可憐的內容唸一遍，更糟糕的甚至還會告訴學生：「這部分自己回去讀一下。」輕易地就跳到大家最喜歡的章節──「食物的重要性」，這種慘事也是時有所聞。

由於學校教育是如此，所以連家政科畢業、號稱「學過整理的人」，往往也「不會整理」。

就如「食衣住行」這句話一樣，吃飯、穿衣、居住和交通應該同等重要，但支撐居住的重要元素──整理，卻一直不被當作一回事，歸根究柢還是因爲「整理與其說是學來的，不如說是熟能生巧」的意識已經深植人們心中所致。

若說整理是熟能生巧，那也就是說致力於整理愈多年，就愈能變成「會整理的人」嗎？其實不然。

其實，來上我的課的人當中，百分之二十五都是五十多歲的女性，其中大多數都是已經做了三十多年家庭主婦的「家事老手」，但這些人眞的比二十多歲的人會整理嗎？答案反而是相反的。正因爲她們一直以來採用的，都是被視爲常識、但實際上卻是錯誤的整理方法，所以反而留下過多沒用的東西，或是爲不合理的收納方法所苦。

這都是因爲，過去沒有正式學習過正確的整理方法。換句話說，「不會整理」對大多數人來說，反而是理所當然的事。

不過也不必因此沮喪，今後就是學習正確整理方法的時代。只要和我一起學習正確的整理方法，並且加以實踐，誰都可以擺脫「不會整理的惡夢」。

千萬別被「一口氣整理完就又會變亂」給騙了！

「覺得凌亂時就一口氣整理完畢，但過一陣子又變回原本亂七八糟的房間……」

對於這樣的煩惱，經常會看到的回答就是「因爲一口氣整理完，很快就又會變亂，所以不妨養成一點一點慢慢整理的習慣」。我第一次知道這個雜誌裡經常會出現的基本問答，是在五歲那年。

我家有三個小孩，我排行老二，所以三歲之後的成長過程算是相當自由。妹妹出生之後，媽媽一直都把精神花在照顧她。而比我大兩歲的哥哥很愛打電動，總是緊盯著電視畫面不放，所以在家時我幾乎都是一個人獨處。

常常獨處的我，最大的樂趣就是閱讀以主婦爲目標讀者的生活雜誌。**當郵差把媽媽訂閱的《ESSE》雜誌投進信箱時，我就會早媽媽一步打開包裝，忘情地閱讀。小學時，放學後會偷偷在書店裡站著翻閱的，則是《Orange page》**。

雖然當時我還沒有辦法完全讀懂文字內容，但這些雜誌刊載了豐富的生活智慧、美味料理與點心的照片、驚人的除污絕招，以及以一日圓爲單位決勝負的省錢方法等，對我而言就好比哥哥的電玩攻略一般。我會在喜歡的頁面角落折出一個小三角形，然後想像「有一天要試試看這個絕招」，每天都在家中努力投入這個「一人遊戲」。

當我讀到省錢專題時，雖然也不懂電費的收費規定，但卻會拔掉不用的電器插頭，自稱這是「省電遊戲」；也會將寶特瓶放進浴缸或馬桶水箱，舉辦「一人省水大賽」。讀到收納單元時，則會用牛奶紙盒做成抽屜裡的隔板，或是在家具和家具的縫隙間掛上用錄影帶盒連接而成的架子等。此外，**小學的下課時間，當大家聚在一起玩躲避球或跳繩時，我都會一個人偷偷脫隊，一個勁兒地把教室書架上的書重新排列，或是檢查走廊上打掃用具櫃裡的東西，思索「這裡如果有個S型掛鉤就會更好用啊」，擅自地為收納方式評頭論足。我就是這樣的一個小學生。**

但是，當時我有一個無論如何都無法克服的煩惱。那就是不管我整理了什麼地方，不久後它又會恢復原狀。文具從牛奶紙盒做的隔板間滿出來，錄影帶盒做的架子上塞滿了信件，不知不覺就崩塌、掉到地上。**同樣都是家事，但烹飪或縫紉都可以熟能生巧，唯獨整理則是不管做了幾次，還是整理不好，總是又回到了原點。**

當時我總是這樣說服自己：

「這也沒辦法，整理完就是會再變亂啊！」

「就算一口氣收拾整齊，還是會恢復原狀。」

自從五歲第一次發現這個問題後，每當雜誌上有整理單元時，還是會不斷地看到「就算整理過一次還是會變亂」的問題，於是「整理後又變亂」對我而言，已經成為理所當然的狀態。

如果有時光機，我想對當時的自己說一句話：**「這種想法大錯特錯啊！」**因爲只**要能夠實踐正確的整理方法，就絕對不會打回原形**。

首先，說到打回原形（rebound），相信多數人最先會想到的就是「減肥的復胖」。於是，就會莫名地接受「一口氣整理完就會打回原形（又變亂）」的說法，就如同接受「減肥會復胖」一樣，但千萬不能被這樣的說法給騙了。

只要稍微移動一下家具的位置，或是減少垃圾量，房間就會瞬間發生變化，因爲整理這個作業本身就是一種物理現象。

一口氣整理完，房間就會一口氣變得整齊。

這是再理所當然又再單純不過的事了。

那麼，爲什麼有人一口氣整理完還是會又變亂呢？這是因爲雖然本人覺得已經一口氣整理完畢了，但其實只是整理、收拾、收納到一半而已。請先了解：如果能用正確的方法整理，不管多麼怕麻煩或是懶惰的人，都可以維持房間的整齊。

每天整理一點，一輩子都整理不完

「因爲一口氣整理完會再變亂，所以不妨養成一點一點整理的習慣。」

這個概念乍看之下很吸引人，不過我們已經明白前半段「一口氣整理完會又變亂」是錯的，但後半段「不妨養成一點一點整理的習慣」的提議看起來似乎值得相信。

可是，千萬不能被騙了。

如果想要一點一點培養整理習慣，就永遠都不會整理好。

改變長年以來的習慣，對多數人來說並不容易。

過去曾經想要整理但卻整理不來的人，最好能夠明白，要一點一點培養起整理的習慣，幾乎是不可能的。

因爲人如果不改變意識，就無法改變習慣。但「改變意識」並沒有口頭上說得那麼簡單，難處就在於人很難控制自己的意識。

不過說實話，只要採取對的方法，就能戲劇性地改變整理的意識。

我眞的對整理有所醒悟，是在國中時讀了一本叫做《丟棄的藝術》的書。我在放學途中偶然讀到這本書，內容讓我大受衝擊。因爲書中寫出我讀過的雜誌中從未提及的——「丟棄」的重要性。

當時因爲讀得太過忘我，害我電車差點就坐過站，後來急急忙忙回到家，馬上就抓了垃圾袋，把自己關在房間裡好幾個小時，最後從不到三坪大的房間裡整理出八大袋的東西。不穿的衣服、小學的課本、小時候的玩具，還有以前蒐集的橡皮擦、貼紙等，幾乎都是一些早已經忘了它們存在的東西。

我雙手抱膝，呆坐在堆滿半透明垃圾袋的房間中央，將近一個小時都動彈不得，心想：「爲什麼我會堆了那麼多不要的東西啊？」

最令我震驚的是，房間完全變了個樣子。原來只花幾個小時的時間，就能讓某些從未出現過的地板重見天日，簡直就像另一個房間似的。房間裡的氣氛也明顯變得輕鬆，彷彿連自己的內心也都變得澄淨通透。

「或許整理這件事，比我想像的還要厲害啊！」

眼前這過於驚人的變化，猶如晴天霹靂，讓我從那一天起，開始步上了鑽研整理的人生，把過去被我視爲新娘培育課程而全力投入的烹飪、裁縫與其他家事等都打入冷宮，只求及格就好。

整理不會騙人，整理的成果一定會以顯而易見的形式出現。因此我所傳授的整理秘訣就在於不是「一點一點培養整理的習慣」，而是要**「藉由一口氣整理完畢，引發戲劇性的意識變化」**。先體驗過能夠訴諸感情的戲劇性變化，經由這個衝擊，意識就會突然改變，生活習慣也就不得不改變。

實際上，我的客戶也都不是一點一點培養出整理的習慣，**而是在一口氣整理完的那天開始，全都變得會整理了**。

也因此，整理還是必須一口氣完成，這就是我的整理法最大的重點之一。

無論怎麼整理都還是會變亂的，不是房間或東西，而是想要整理的人自身的想法而已。換句話說，即使有心「想要整理」卻無法持續，幹勁就會消失。原因應該就在於看不到整理的成果，便無法實際感受到整理的效果。

所以爲了讓整理能夠成功，就必須用正確的方法，在短時間內確實做出效果。

一口氣正確地整理完畢，結果立現。所以能夠持之以恆，一直維持在整理好的狀態。無論是誰，只要體驗這個過程，都會打從心底不讓房間回到凌亂的樣子。

「不追求完美」的大陷阱

「不必追求完美，慢慢地開始整理吧！」

「一天丟一個東西吧！」

爲了紓解對整理感到不安者的心情，這是多麼動人的說法啊！展開整理研究後，我讀遍所有日本出版的整理書籍時，看到了這兩句話。當時，最初對整理有所醒悟時的衝勁已經稍微穩定下來，剛好進入了效果不彰的停滯期，慢慢開始覺得疲憊的我，就完全地墜入了這個陷阱。

一開始就以完美爲目標，會讓人心情變得沉重，更何況整理本來就無法完美。的確如書中所言，一天丟一個東西，一年就能丟掉三百六十五個東西。當時我自以爲找到了好方法，於是馬上就開始了書上所寫的「一天丟一物整理法」。

早上起床後就先看看衣櫥，思考今天要丟什麼，心中嘟囔著：「啊！這件T恤已經不穿了吧！」然後就裝進垃圾袋，隔天晚上睡前看看書桌抽屜，發現「這個筆記本好像太幼稚了」，又裝進垃圾袋。同時又發覺：「這麼說來，這個便條紙好像也不需要了。」想和旁邊的筆記本一起裝進垃圾袋裡，但手停了下來。「啊！對了，把這算成『明天的一個』就好。」等過了一個晚上，隔天早上才終於把便條紙丟進垃圾桶。但後一天的早上和晚上都忘了要丟「今天的一個」，結果到了再隔一天才一起丟了兩個……

老實說，這樣的作法根本撐不到兩個星期。其實我根本就不是勤勞的人，就算叫我一天丟一個東西，對我這種急性子、沒辦法孜孜不倦的人而言實在太難了。我是那種會把暑假作業拖到最後一天才急忙趕完的人，即使一天丟一個東西，但買東西時常常都是一股作氣，所以東西減少的速度永遠都追不上增加的速度。於是總量一直都無法減少，房間永遠都處於整理中，反而令人生厭，不久之後就忘記了「一天一個的規定」。

我可以很有自信地說，整理得不徹底，就永遠都無法整理好。如果你不是勤勞、有耐心、能夠孜孜不倦的人，我建議「徹底完全」地整理一次就好。

聽到「徹底完全」，或許很多人會緊張地說：「不可能啦！」但不用擔心，因爲整理畢竟是物理性的作業。

整理時該做的，大致上只有兩件事，那就是「判斷物品是否要丟掉」和「決定物品的定位」。只要能夠做到這兩點，誰都能完全徹底整理。由於可以明確地計算出物品數量，所以一個個判斷、一個個決定定位，最後一定能夠到達「整理的終點」。

因此，完全徹底整理完畢非但不困難，根本就是任何人都可以辦到的事。而且，也是往後絕對不再變亂的必要條件。

從著手整理那一刻開始，人生就再次啓動

你有沒有過這樣的經驗？考試的前一晚，就是沒辦法靜下心來念書，特別想要整理房間。痛快地丟掉堆在桌上的講義，收拾起散落一地的課本，然後一開始整理就停不下來，緊接著又去重新排列、分類書架上的書和文件，最後甚至整理起抽屜裡的文具……結果不知不覺就到了半夜兩點。當書桌周圍開始變得整齊時，卻突然睡魔纏身，昏昏沉沉驚醒時，已經早上五點了，這時才眞正感到緊張，終於開始把精神拉回課本上……實不相瞞，這正是我本人的經驗，甚至已經算是考試前一天的例行公事。

原本我以為這種在考試前的「整理衝動」，只發生在對整理感興趣的自己身上，但沒想到很多人都有相同的經驗。而且似乎不僅是考試，**很多人在身處緊要關頭時，就會想要整理**。

如前所述，突然莫名地想要整理，並不是在真心想要整理房間的時候，而是心裡有「其他東西」想要整理的時候。我推測這是因為原本應該要念書，所以心情七上八下，但看到眼前亂成一片，則產生「非整理房間不可」的惴惴不安，取代了原本的問題。

最好的證據就是，考試前的整理衝動仍能延續到考試後的案例，根本是微乎其微。**等順利考完試回家後，昨天晚上的熱忱已經煙消雲散，這不就完全忘記整理的事，又回到原來的生活了嗎**？這就是因為非準備考試不可的問題「已經收拾完畢了」。

然而，光是整理好凌亂的房間，心裡的混亂其實也不會消失。把房間整理乾淨時，心情的確能夠暫時覺得舒暢。但這不過是陷阱，心情混亂的眞正原因並沒有解決。因為每次面對物理上的整理，但思維無法延伸到心理上的整理時，就會被一時的暢快感覺所矇騙。實際上，每到考試就會整理到半夜的我，總是花了很多時間才願意開始念書，結果成績總是非常淒慘。

在此不妨思考一下整理之前的問題，那就是「房間亂成一團的狀態」。話說回來，**房間並不會自然就亂成一團。是住在裡面的自己把它弄亂的**。有句話說「房間的混亂就是心情的混亂」，而所謂亂成一團的狀態，所代表的就是物理現象之外明明大有問題，卻被眼前亂七八糟的感覺所矇騙的狀態。

弄亂這種行爲，是人類想要逃避現實時的防禦本能。

如果你覺得「太過整齊的房間，總讓人心神不定」，試著認眞面對不安的感受，或許自己心底眞正在意的問題就會浮現。

整理過後，房間變得整齊乾淨時，自然不得不面對自己的心情和內在。**自己就會被迫發現一直逃避的問題，就算討厭也不得不解決。因爲開始整理之際，你就被迫面臨了人生的再次啓動。**

而這個結果，會讓人生開始有大幅的變動調整。

所以，請迅速地整理完畢，然後面對自己眞正應該面對的問題。**整理不過是手段，整理本身並不是目的**。眞正的目的應該是整理之後該如何生活下去，不是嗎？

愈擅長收納的人，愈容易堆東西

說到整理的煩惱，最先浮現腦海的是什麼呢？

或許很多人的問題是「不懂收納的方法」「不知道什麼東西該放在哪裡才好」。

我理解這樣的心情，但很遺憾的是，你連該煩惱的問題都弄錯了。

「收納」這個單字的背後，潛藏著一種魔力。因爲「馬上整齊，收納絕招」「便利收納商品特輯」等包含收納這個單字的詞句，一定都會搭配「馬上」或「瞬間」等用來表示輕鬆簡單的說法。由於人類是避難就易的生物，所以自然會被能夠即刻解決眼前混亂狀態的「便利」收納法所吸引。

就連我也曾經是這個「收納神話」的俘虜。自幼稚園開始，我只要一看完最愛的主婦生活雜誌裡的收納單元，就會馬上去實踐。例如把面紙盒打開做成抽屜，或是用零用錢去買雜誌裡介紹的產品。國中放學回家的路上，還會繞到TOKYU HANDS或雜貨店，查看每一件新產品。**高中時甚至還會打電話到那些生產有趣收納商品的公**

司，硬是逼問「請告訴我這個產品的開發故事」，讓負責接電話的大姊姊非常困擾。只要能夠確實將雜物收到所買的收納商品中，我就會在房間裡一個人合掌感謝該商品的問世，並且大讚：「怎麼會那麼方便！」

曾經如此狂熱的我，現在敢大膽斷言，收納法根本不能解決整理的問題，因爲收納不過是臨陣磨槍的解決方法而已。

等我回過神來，才發現房裡全是收納商品：放在地板上的雜誌架、用來裝書的彩色收納箱，還有抽屜裡各種尺寸的隔板。儘管如此，房間還是不整齊。**「爲什麼再怎麼收納都整理不好呢？」**我陷入絕望之中，試著重新審視那些收納商品，這才發現：**其實裡面幾乎都是不要的東西**。

換言之，我做的不是整理，只是物品的填裝作業，把不要的東西蓋上蓋子，裝作沒看見而已。

收納法的麻煩之處在於，把東西收起來時，乍看之下會誤以爲問題好像解決了。但當收納空間塡滿時，房間又會亂成一團，然後再次逃向較爲容易的收納，而不是整理……於是就陷入這樣的惡性循環。

因此，**整理首先就要從丟東西開始**。直到「判斷」的作業結束爲止，都必須要有足夠的自制力，警惕自己絕對不要著手去做收納的動作。

不能按「場所類別」整理，要按「物品類別」整理

從國中開始，我就正式展開了整理研究，具體來說就是反覆地實踐，從自己的房間、哥哥的房間、妹妹的房間、客廳、廚房到浴室……每天在每個地方不斷地收拾整理。

有時我會像超市舉辦折扣日一樣，自訂「每月五號是客廳整理日」，或是決定「今天要整理這個食物櫃」「明天要進攻浴室的這個櫃子」，每天都在想今天要整理哪裡。

這樣的習慣一直持續到升上高中之後，常常放學回家後連衣服都沒換，就穿著制服直奔浴室。打開牆上左右對開的壁櫥，決定「今天就整理這個櫃子！」，然後把裡頭的東西統統拿出來。首先把郵購化妝品附贈的樣品、香皂、牙刷、刮鬍刀的備用刀片等，從塑膠製抽屜裡拿出來，分類後裝入盒中，再放回抽屜裡。看著抽屜裡井然有

序的物品，不禁陶醉了好一陣子。等充分享受完這份美感後，接下來再往隔壁的抽屜前進。

天黑之後，直到媽媽叫我吃飯爲止，我都一直坐在浴室的地板上，默默地和壁櫥裡的東西對峙。我就是這樣的高中生。

某天放學回家後，我和平常一樣連制服也沒換就開始整理，但我突然發現了一件事。

「咦？我該不會在整理和昨天同樣的抽屜吧？」

當時，我正在整理走廊收納櫃裡的紙製抽屜，雖然是和昨天不一樣的地方，但整理的還是郵購化妝品附贈的樣品、刮鬍刀備用刀片之類的東西。我這才明顯地發覺到，自己正在把和昨天一樣的東西，以一樣的方式分類、收進盒子，再放回抽屜裡。

我竟然長達三年都沒發現這件事，連自己都覺得很丟臉，其實**「按場所別・房間別整理」是整理上的致命錯誤**。

「咦？是這樣嗎？」

我彷彿聽到有人這麼說。「按場所別・房間別整理」是多數人容易犯下的錯誤，但這個乍看之下正確的整理方法，到底錯在哪裡呢？

因爲在整理之前的階段，同一類的東西往往都分散在兩個以上的收納場所。在這樣的狀態下，如果不經任何思考，就按「場所別．房間別」開始整理，就會和之前的我一樣陷入鬼打牆的地獄，不知不覺都在整理同樣的東西。

那麼該如何整理才好呢？就是按「物品類別」整理。**不是「今天來整理這個房間」，而是以「今天整理衣服」「明天整理書」的方式，按「物品」的類別進行整理。**

多數人不會整理的最大原因，就是東西太多；而東西不斷增加的最大原因，就是因爲沒有掌握自己現有物品的數量；而無法掌握現有物品數量的原因，就是因爲收納場所分散所致。在現在收納場所分散的狀態下，還是按場所別整理，就永遠都整理不完。

整理不該按「場所別．房間別」，而要按「物品別」來思考。若不想再次變亂，就請絕對不要偏離這個重點。

按個性改變整理方法，毫無意義！

「不會整理的原因因人而異，試著實踐符合自己個性的整理方法吧！」

在相關書籍裡經常都會看到這個說法，看似合理，甚至具備讓人瞬間信服的魔力。「啊！原來如此。過去一直都整理不好，就是因爲這個方法和我那怕麻煩的個性不合啊！」而且，還會遵照後續提供的圖表，譬如怕麻煩型、沒時間型、不拘小節型、講究型……等分類，拚命嘗試屬於自己個性類型的整理方法。

剛開始投身整理工作時，也同樣有一段時期熱衷於探究按個性分類的整理方法。我找了很多心理書籍參考，在諮詢階段就追問客戶的血型、雙親的個性，甚至還曾用生日去做動物占卜。由於很想找出「這種個性就用這種整理方法」的法則，所以持續分析長達五年以上。

最後我終於發現，就算按個性改變整理方法也毫無意義。因爲大部分的人在面對整理這件事時，都一樣怕麻煩、沒時間，都擁有執著、講究的物品，也有毫不在意的東西。仔細想想，我自己就符合上述所有條件。

「那麼把整理不好的原因分類，該根據什麼基準才好呢？」

不知是不是無時無刻都在整理的關係，養成我什麼東西都想要分類的壞習慣。以整理顧問的身分開始工作時，我拚命地想按照客戶的類型，設法提供不同內容的服務。不過現在回想起來，當時會這麼做，其實更大一部分是因爲我多少抱著點狡猾的心態。因爲我總覺得自己既然以整理專家的身分行走江湖，若能設法把客戶分類，並隨之稍微改變整理方法，或說出有點艱深的話，才會被人稱讚：「眞不愧是專家！」

經過反覆思考後，我歸納出三種不會整理的類型，分別是「沒辦法丟東西的人」「沒辦法物歸原位的人」，以及這兩類的綜合體，即「既無法丟東西也無法物歸原位的人」。我所獲得的結論是：「不應該用個性這種籠統的基準，而應該以實際發生的現象來分類！」

然而，如果以這個基準來看，來找我的客戶中，有九成都是「既無法丟東西也無法物歸原位的人」，剩下的一成則是「沒辦法物歸原位的人」。我這才發現，純粹「沒辦法丟東西的人」（沒辦法丟東西，但是能物歸原位的人），其實根本就不存在。因爲，若沒辦法丟東西的話，久而久之東西一定會愈來愈多，然後就無法回到原本的狀態。而且這一成「沒辦法物歸原位的人」一旦開始整理，至少都能整理出三十袋左右的東西，但實際上還是沒辦法達到有效的減量。

總之，不管是哪一種類型，歸根究柢都還是必須從「丟掉」開始。自從我發現這個事實之後，無論面對哪一種客戶，在說明整理的手法時，我都能抬頭挺胸地傳授他們同樣的方法。

每個人所擁有的物品與家具本來就不同，所以整理這個行爲本身，所有的狀態都是原創的。即便傳授相同的整理手法，在面對不同的客戶時，傳達的方法與課程進行的方式都會跟著改變，根本不需要勉強提供不同的服務。

整理方法不需要艱澀的分類。**整理時的必須作業就只有「丟東西」與「決定收納場所」這兩項而已，重要的只有「要先『丟東西』」這個順序而已。**

由於整理的原則不變，剩下的就取決於整理的人，也就是你追求的水準在哪裡而已。

整理是節慶，不是每天要做的事

「整理是節慶，不能每天都整理。」

在整理講座上，我突然說出的這句話，讓在場的客戶瞬間全都怔住了。關於整理的理論是百家爭鳴，連我這個自認爲對整理研究得相當透徹的人都覺得，應該還有我不知道的整理方法，因此我要特別聲明，這只是針對我的方法而言。

整理要一次就結束。

正確地說，應該一次就把它做完。

如果你認爲整理是幾乎每天都要做的日常作業，請明白這可是天大的誤會。

整理有兩種：**「日常的整理」**與**「節慶的整理」**。所謂「日常的整理」，單純指「東西用完後，放回原位」。不管是衣服也好，書或文具也好，只要人類需要使用物品過生活，這件事就一生跟隨著你。

但是，我想透過這本書告訴各位的是，**請盡早完成「節慶的整理」**。

在完成了一生一次「節慶的整理」之後，就能在這個整潔的房間裡，度過如你所願的理想人生。請捫心自問，在快被東西淹沒的狀態下生活，你能夠感受到眞正的幸福嗎？

如今，多數人所不可或缺的，不正是這種「節慶的整理」嗎？

然而非常遺憾的是，多數人都沒有進行「節慶的整理」，一直住在有如倉庫的房間裡，每天的生活都被「整理」追著跑，忙得不可開交。無論怎麼整理，就是整理不好。然後拖拖拉拉地持續這樣的生活十年、二十年。

老實說，如果不完成「節慶的整理」，就絕對做不好「日常的整理」。這麼說一點也不誇張。

只要一次完成「節慶的整理」，「日常的整理」就只是把用完的東西放回原位而已，你甚至不覺得是在整理。

我爲什麼稱這種整理是「節慶」呢？因爲我認爲在某種意義上來說，以高昂的情緒、在短時間內完成非常重要。畢竟，人生不能天天都像在過節。

或許有人會擔心：「但是，天天都會買東西，就算完成了『節慶的整理』，久而久之東西又會變多，然後又會變亂了……」

不過，在完成「節慶的整理」後，「用完的東西放回定位」「新買的東西一定要決定定位」就能毫不費力地持續下去。或許你會感到納悶，但眞的就是如此。

重點就是，要先體驗過一次完美的狀態。只要一次就好，請一件一件地判斷，自己所擁有的東西是該丟掉，還是留下來，並且試著決定所有留下東西的定位。

「我最不會整理了。」

「我天生就是不會整理的人。」

這些你長久以來深信不疑的負面自我形象，都會在親眼目睹整理完房間的瞬間，一掃而空。而且，「原來我也做得到！」這種自信與自我形象的戲劇性變化，會爲往後自己的行動帶來變化，甚至迫使生活態度本身也產生變化。

只要戲劇性地體驗過一次整理完畢的完美狀態，就不會想再回到以前亂七八糟的情況。當然，連正在讀這本書的你也一樣。

因此，來上我課的學生都不會再變亂。或許你還是覺得有點困難，但沒有關係。我之所以會說整理不難，是因爲處理的對象是物品。丟掉、移動東西，做這些事本身非常簡單，不管是誰都做得到。**況且整理一定有終點，當你決定好所有物品的定位，那一瞬間就是終點。**而且這與工作、念書或運動不同，完全不需要跟別人比較，基準完全操之在己。無論是誰，只要整理，就能體驗「最棒的自己」。而每個人都以爲最困難的部分——「持續」，其實是多餘的動作，因爲東西的定位只要決定一次就夠了。

或許你會感到驚訝，我現在完全不整理自己的房間，因爲我已經整理好了。

我如果非整理不可，也頂多一年整理一到兩次，而且一次只花一個小時。如今我過著安穩又幸福的生活，反觀國、高中時，每天不管怎麼整理都整理不完的經驗，簡直令人難以置信。

我現在最幸福的時刻，就是在空氣清新、安靜舒適的空間裡，泡一壺溫熱的花草茶，回想今天一整天的大小事。環顧四周，牆上掛著國外買回來的、我喜歡的畫作，房間的角落擺著可人的鮮花。就算房間不大，但只要擺滿讓自己心動的東西，在這樣的房間裡生活，就能讓我感到幸福。

你不想過這樣的生活嗎？

別擔心，只要學會正確的整理方法，任誰都能擁有這樣的理想生活。

第2章

只留下讓你怦然心動的，其他統統「丟掉」！

首先，要一口氣、在短時間內、徹底「丟掉」

你是否也有過這樣的經驗：以爲已經整理乾淨，但不到三天又亂成一團，然後東西愈來愈多，等到發現時，房間又變回老樣子。**之所以會不斷再恢復髒亂，就是因爲你總是用錯方法，永遠都只整理到一半。**

要擺脫整理後又變亂所帶來的「惡性循環」，只有一個辦法。那就是一口氣有效率地、盡量在短時間內，而且只要一次就好，塑造出徹底整理完畢的狀態。

爲什麼靠「一口氣、短時間內、徹底整理」，就可以養成正確的態度呢？

當徹底整理完畢時，眼前的景色會突然改變，彷彿自己所在的世界一瞬間就改變般的壓倒性劇變。

然後，無論是誰，都會在深受感動的同時下定決心：

「我不想再住在像以前那樣的房間裡。」

重點是，爲了實際感受足以瞬間改變意識的衝擊，就必須在短時間內有所變化。

如果是長期、一點一點的變化，就不會有效。

爲了「一口氣」引起變化，必須以最有效率的方法進行整理。要是動作慢吞吞，就只會讓你覺得身心俱疲，「明明一大早就開始整理，但一轉眼就已經傍晚了……」「但怎麼房間一點都沒變」，久而久之，連整理也變得令人厭煩。於是整理到一半就會想要放棄：「我不幹了！」結果又陷入原本整理後又變亂的地獄。

所謂的「短期」，以我個人授課的例子來說，最長半年左右。也許你覺得半年很長，但如果以一生當中的半年來看，它絕對不算長。在這半年內體驗過完美的狀態後，往後的人生就能不再爲「啊！我沒辦法整理啦！我眞糟糕！」的想法所煩惱。

爲了能夠有效率地整理，必須死守的一個重點就是：絕對不要搞錯步驟。整理時必要的作業就只有「丟東西」與「決定收納場所」，而且一定要先進行丟東西的作業。更重要的是，要做完一項後才能做接下來的作業。

所以，在「丟東西」的作業結束之前，不可以去想收納的事。

多數人會爲整理遲遲沒有進展所苦，原因就在於此。因爲他們總是會忍不住在丟東西作業的途中，思考收納問題：「這該收到哪裡才好呢？」「這個櫃子裝得下嗎？」而丟東西的手就停了下來。關於收納的場所，等「丟東西」結束之後再來研究就好。

整理的訣竅就是「一口氣、短時間內、徹底完成」，還有「先完成『丟掉』的動作」，這就是我的結論。

在丟東西前，先思考「理想的生活」

我們已經明白，在思考物品的收納場所之前，先把東西丟掉有多重要。但如果想都不想就開始丟東西，那才是眞的把自己推往一再變亂的地獄。

先問問自己：你爲什麼會想要開始整理？你手上拿著這本書，一定也有理由。**那你究竟想藉由整理得到些什麼呢？**

換言之，就是思考整理的目的。在開始丟東西前，請先仔細認眞地思考一下整理的目的，這也可以說成是「思考理想的生活」。如果跳過這個步驟就開始整理，不僅進度會變慢，再變亂的機率也會變得特別高。「想要清爽的生活」或「總之希望變得會整理」這樣的目的還太簡單，必須更深入地思考。**最好思考要具體到能夠明確想像**

出自己「在整理好的房間裡生活的樣子」。

某客戶S小姐（二十幾歲）來找我諮詢時，第一句話就是：

「麻理惠老師，我想要過更『少女的生活』。」

但實際上，她的房間就是所謂的「垃圾屋」。在三坪半左右的房間裡，除了尺寸大得足以媲美棉被專用壁櫥的大衣櫥外，還有三座大小不一的層架。收納空間應該很足夠，但不管視線朝向哪一個角度，闖進眼簾的全是東西、東西、東西……首先，所有的收納空間都爆滿到門關不上，五斗櫃抽屜裡的東西好像超大漢堡的內餡一般，多到滿出來。外凸窗的窗簾軌道上掛滿了衣服，根本不需要再掛窗簾了。而且無論是地板還是床上，都被裝滿日用品的籃子、塞滿文件的紙袋給淹沒。S小姐從公司回家後，要睡覺時就得把床上的東西推到地上，起床後再把東西放回床上，開出一條路才能走出房間上班。某種意義上來說，也算是勤勞的生活，但的確與「少女的生活」還是有天壤之別。

「您說少女的生活……可以請教一下，具體來說是什麼樣的生活嗎？」

我這麼問S小姐，她想了一下後，如此回答：

比如說，下班回到家之後，晚上睡覺之前……
地板上乾乾淨淨，視線範圍內什麼東西都沒有，房間像飯店一樣整潔……
粉紅色的床罩，配上復古情調的白色檯燈。
洗完澡後，點上精油。
放著鋼琴或小提琴演奏的古典樂。
邊喝花草茶，邊做瑜伽。
在輕鬆舒服的心情下入眠。

腦中有沒有浮現身歷其境的影像？**妄想自己的「理想生活」到如此具體的程度，是非常重要的。**

如果很難想像出如此明確的形象，或是不知道自己想要過什麼樣的生活時，不妨試著在室內設計雜誌裡尋找有感覺的照片，或是去看看樣品屋。在看過各式各樣的房子後，自然就會知道自己喜歡的風格。

順道一提，S小姐在課程結束後，眞的一直持續著「洗完澡後點上精油，聽古典樂做瑜伽的生活」。**她從看不見地板、如地獄般髒亂的房間中平安生還，擁抱了她最**

嚮往的「少女般的生活」。

話說回來，如果能夠想像整理過後的「理想生活」，是不是就能馬上進入下一個步驟「丟東西」呢？還言之過早。我理解各位著急的心情，但爲了這僅此一次的節慶，也爲了絕不再變亂，就讓我們慢慢地前進。

接下來要做的是，思考「**爲什麼你想要過這樣的生活？**」請回顧自己理想生活的形象，再重新思考一次。

爲什麼睡覺前會想要點上精油？爲什麼想要邊聽古典樂，邊做瑜伽？

「因爲睡前想要放鬆……」「因爲想靠瑜伽減肥……」

那麼，爲什麼睡前想要放鬆呢？爲什麼想要減肥呢？對於自己說出的回答，請反覆追問自己「爲什麼？」至少三次，最好能多達五次。

「希望工作的疲憊不要延續到第二天……」

「因爲想要變瘦、變漂亮……」

如果像這樣不斷追究「自己理想生活」的「爲什麼」，最後就會發現一件單純的事實。

那就是不論丟東西，還是擁有東西，最終都是「爲了讓自己幸福」。聽起來似乎是非常理所當然，但現在自己再一次地思考、理解，然後說服自己，是非常重要的事。

爲什麼要整理？你必須在開始整理之前，去面對和思考自己理想的生活方式。再以深思熟慮過的答案爲基礎，最後進入判斷的步驟。

碰觸到的瞬間，是否感覺「怦然心動」？

你是以什麼爲基準選擇「要丟的東西」呢？

要丟的東西也分成好幾類，例如「已經完全壞掉了」或「一整組搭配使用，但其中一部分已經壞了」等，物品本身的功能已經無法運作；而「設計款式過時」「活動期間已經過了」等，則是已經過了應景的時期。像這種丟棄理由明確的東西還算容易處理，**最難的應該就屬那些沒有什麼特殊理由需要積極丟掉的東西**。正因爲如此，爲了解決這種「總是沒辦法丟東西」的煩惱，才會出現如「一整年都沒用的話就丟掉」「設一個暫存箱，每半年檢查一次」等各式各樣的「丟棄機制」。

但話說回來，請各位明白，**當「如何選擇要丟的東西」變成主題時，其實就大幅偏離整理的焦點了**。如果在這樣的狀態下開始整理的話，眞的太危險了。

過去的我簡直可稱爲「丟棄機器」。自從十五歲讀了《丟棄的藝術》這本書，對「丟棄」一事頓悟之後，我的整理研究就不斷升級，好奇心源源不絕。不管是兄弟姊妹的房間、學校公用的置物櫃，只要一發現新地方，就會一個人開始偷偷地整理起來。腦袋裡全都是整理的事，有一股莫名的自信，覺得不管什麼地方，自己都能整理得很好。

當時我最關心的是「如何丟東西」。兩年沒穿的衣服就丟掉、買一個東西就丟一個東西、如有猶豫就先丟掉等，我讀遍各種整理書，按照書上提過的所有基準持續地丟東西，曾經在一個月內丟掉了近三十袋的東西。但是，**不管我再怎麼丟，家裡或房間還是不整齊**，甚至還累積了莫名的壓力，然後又一口氣買了一大堆東西。結果想當然爾，東西完全沒有減少。

在家時，我整天都在想「還有沒有什麼東西可以丟」「還有沒有不用的東西」，費盡心思尋找「障礙物」，如果找到了沒有在用的東西，就會用一種非常嫌惡的心情想：「原來你在這種地方啊！」然後把東西丟進垃圾袋。因爲一直都是處於這種狀

態，所以就算待在房間時也神經兮兮，完全無法放鬆。

某天放學回家後，我一如往常地想要開始整理，我打開自己房間的門，裡頭還是亂成一團。在看到這幅景象的瞬間，腦袋裡就好像什麼東西突然短路了一樣。

「我不想整理了……」

在這三年之中，東西應該少了很多，但我卻盤坐在這讓人超級不舒服的房間正中央，雙手抱在胸前，陷入了深思。

「爲什麼我這麼努力卻還是整理不好呢？誰來救救我啊！」

我在心中以一種想抓住救命稻草的心情吶喊。

此時，房間裡似乎突然響起一個聲音：「**請把東西看得更清楚一點。**」

「東西？我每天都看到目不轉睛了啊……」

我恍恍惚惚地嘟囔著，接著在房間的地板上昏睡過去了。

如果當時的我再聰明一點，應就能在像這樣因整理精神官能症而昏厥之前發現，如果整理時只考慮「丟東西」，就會變得不開心。因爲整理時該選擇的，本來就不是「要丟掉的東西」，而是「要留下的東西」。

「請把東西看得更清楚一點。」當我醒來時，終於清楚地了解了那個聲音的意思。**過去我只把焦點放在「要丟的東西」上，都在專攻「障礙物」，卻沒有好好珍惜真正應該重視的「要留下的東西」**。

最後，關於選擇物品的基準，我做出了這樣的結論。

「碰觸時是否怦然心動？」

把東西一個一個拿在手裡，留下令你心動的東西，丟掉不心動的東西。這就是判斷時最簡單又正確的方法。

「爲什麼要用那麼模稜兩可的基準呢？」或許有人會感到懷疑，相信也有很多人覺得光看字面並無法理解。

重點就是，一定要碰觸到。比如說，打開衣櫃的門，眺望掛在裡面的衣服，千萬不能覺得：「嗯，這個嘛！全都很讓我心動啊！」**重要的是要「一件一件拿在手裡，試著觸摸」**。在觸摸東西的時候，試著去感覺身體的反應，就會發現自己的反應會明顯地因物而異。各位就當是被我騙也好，請試著實踐看看。

「碰觸到時是否覺得心動？」這個基準是有根據的。話說回來，我們到底是爲什麼而整理呢？追根究柢，無論是房間或是物品，若不是「爲了讓自己變得幸福」而存在的話，就失去意義了。

因此，在判斷物品該留下或是丟掉時，當然應該以「擁有這樣物品是否幸福」，也就是說「擁有時是否覺得心動」爲基準。

身穿不令自己心動的衣服時，眞的幸福嗎？

被買回來堆著都沒看、一點都不令人心動的書圍繞著，眞的感到幸福嗎？

擁有明知自己絕不會戴在身上的首飾，幸福的瞬間眞的會來臨嗎？

答案應該是「不會」。

請想像一下只被心動的東西所圍繞的生活，這才是你想擁有的理想人生，不是嗎？

只留下令你怦然心動的東西。剩下的，全部毅然決然地丟掉。

如此一來，從這一刻起，**過去的人生會重新啓動，全新的人生就要開始。**

同類的東西全部集中後，再一口氣判斷

針對家中所有物品，一件一件地以「心動」爲基準判斷，是整理作業中最重要的一個步驟。那麼實際上該如何用這個基準減少物品的數量？

首先，絕對要避免的就是在個別場所就開始丟東西。**你常會覺得「等整理完臥室再來整理客廳」「抽屜由上往下一個一個檢查」，但這就是致命的錯誤**。因爲，按物品種類明確區分收納場所的狀況，實在少之又少。幾乎在所有家庭裡，就算是同樣的東西，往往也都會分散收納在兩處以上。

若按場所開始著手整理，舉例來說，即使針對收納在臥室衣櫃裡的衣服，完成了判斷的作業，常常還是會發生同一類物品又不斷從別的地方出現的狀況，例如有幾件衣服收在別的房間，或是一直掛在客廳的椅子上等。無論是要判斷或是收納，都要再花一次功夫，也耗費時間，更無法做出「留下」或「丟掉」的正確判斷。這樣的情況持續兩次以上時，整理的意願或許就會消失，所以無論如何都應該避免。

爲此，**一定要按「物品類別」來思考**，把同一類的東西全都集中在一起後，再一口氣做出判斷。

譬如整理衣服時，要把家裡所有的衣服一次判斷完畢。訣竅就是**「把物品從收納空間裡一樣不剩地全部拿出來，集中在一個地方」**。

具體的步驟如下。首先決定：「我要整理衣服！」接下來，把家裡的衣服一件不剩地收集起來，攤在地板上，再堆起來。然後一件一件拿在手裡，只留下心動的。接著就依照這個步驟，按物品類別判斷所有的物品吧。當衣服很多時，可以按上半身、下半身、襪子、內衣等，做更進一步的詳細分類，然後再一件一件地判斷。

爲什麼把物品集中在一處這件事非常重要？這是因爲有必要正確掌握自己目前到底擁有多少東西。大部分的人都會因爲東西數量超出預期而大受打擊，**「原來我有那麼多東西啊……」，似乎通常都多達自己想像的兩倍以上**。此外，如果擁有多個款式相同的東西時，透過集中在某一處，就可以互相比較，更容易做出「留下」或「丟掉」的判斷。

特地把東西從收納空間裡拿出來攤在地上，也有它的意義。東西放在抽屜裡時，就是處於「**物品正在沉睡**」的狀態。其實在這種狀態下，會難以判斷是否心動。讓東西離開收納狀態、接觸空氣，「**喚醒物品**」，自己心動的感覺就會變得清晰、明確，甚至到令人難以置信的地步。

把同類的東西集中在一起、一口氣做出判斷，是用最短時間進行整理作業的最大重點。因此，整理時請一定要毫無遺漏地「把同一類物品全部集中起來」。

從「紀念品」開始整理，勢必失敗

你有沒有這樣的經驗？週末明明提起勁，下定決心：「今天是整理日！」但回過神時才發覺，還沒整理完天就黑了。站在時鐘前驚覺到這個事實，突然陷入一種自我嫌惡的心境時，才發現在手邊的全是漫畫、書、相簿等有特別回憶的物品。

我之前說明過，順利把東西丟掉的訣竅在於，整理時不要按房間別，而要按物品類別，並把同一類的東西集中起來，一口氣做出判斷，但這不代表隨便從哪一種類別開始都可以。因爲不同類別的物品，在判斷「留下」或「丟掉」的難度上也有差別。

有一些人無論如何就是會在整理到一半時停下來，仔細觀察其狀況後就會發現，他們都是從難度較高的東西開始著手。

首先，照片等有特別回憶的物品，絕非整理初學者一開始該著手整理的東西。這類東西不僅數量很多，而且要選擇留下或丟掉時非常費神。

嚴格來說，物品除了物體本身的價值外，還有「機能」「資訊」「感情」這三種價值。再加上「稀有性」的要素後，就決定了是否丟掉的難度。**換句話說，人之所以沒辦法丟東西，通常是因爲還能用（機能上的價值）、還有用（資訊上的價值）或還有感覺（感情上的價值）。若再加上是很難取得，或是難以取代的話（稀少價值），就更加難以放手了**。

按物品種類一口氣判斷「留下或丟掉」時，一開始從難度較低的東西開始，然後階段性地培養在整理上的判斷力，才比較容易有所進展。

以衣服爲例，一般來說由於稀少性低，所以丟棄的難度也較低，最適合一開始時整理。相反地，照片、信件等有特別回憶的東西，除了感情上的價值外，稀少性又高，丟棄的難度很高，應該最後才整理。尤其是照片，往往會在整理途中，從意想不到的地方（書或文件的隙縫等）嘩啦嘩啦地掉出來，所以最好留到最後再整理。

換言之，「順利丟掉東西的基本順序」如下：一開始是衣服，其次是書籍、文

件、小東西，然後最後才是紀念品，這是最佳順序。這是我針對丟棄的難度，再加上後續收納難易度一併考量後，所得出的結論。

只要按照這個順序整理，每個人自然而然就能磨鍊出心動或不心動的感覺。

只要改變丟東西的順序，判斷留下或丟掉的速度就會變快很多，你不覺得很值得一試嗎？

別讓家人看到丟掉的東西

當你一口氣完成丟東西的動作時，很可能會清出好幾個垃圾袋，在房間裡堆得像山一樣。此刻除了小心發生地震之外，還要特別留意一件事，**那就是一位名為母親、心中有大愛的廢棄物回收業者突然粉墨登場**。在M小姐（二十多歲、單身）的家裡，也發生了這樣的事件。

和三位家人同住的M小姐，自從小學搬家之後，十五年來一直住在同一個房間。她原本就愛買衣服，再加上又把從小到大的制服、校慶園遊會的紀念T恤等年代久遠的東西都裝在箱子裡，放在房間各處，因此幾乎看不到地板。從這樣的狀態開始，一口氣整理了足足五小時。結果當天大概整理出了八袋衣服、兩百本書，還有其他如玩偶、小時候的勞作等，共計十五袋左右的東西。我們把這些要丟的垃圾袋、紙箱等，集中堆在已經完全看得到榻榻米地板的房門邊。「M小姐，聽好了！最後我要告訴妳一個丟垃圾時的重要訣竅，那就是絕對……」就在我話還沒說完的那一刻——

突然，房門喀嚓地被打開，「咦？變很乾淨了嘛！」M小姐的母親手裡端著擺有麥茶的托盤走進房裡。我內心不禁焦急了起來：「慘了……」她把托盤放在房間中央的和式矮桌上後，對我點了點頭：「我們家女兒眞的是麻煩您了！」旋即轉過身要往房門走。「唉呀！」沒錯，她當然發現了堆積如山的垃圾袋。「女兒，這個要丟掉啊？」M小姐的母親指的是靠在垃圾堆旁的粉紅色瑜伽墊。

「嗯，因爲已經兩年都沒用了啊。」

「是喔？那我拿來用囉！哎呀，這個也……」

M小姐的母親在堆積如山的垃圾堆裡窸窸窣窣地挖起寶來，最後除了瑜伽墊，她還帶走了三件裙子、兩件襯衫、兩件外套和一些文具。

房間安靜下來後，我邊喝著麥茶邊問M小姐：「令堂多久做一次瑜伽呢？」但M

小姐只是淡淡地說了一句：「我從沒看過她做瑜伽。」

其實，稍早我還沒說完的話就是：「要丟掉的東西絕對不要給家人看。」整理出來的垃圾袋，盡可能自己拿去丟，也不需要特意告訴家人你丟了什麼、丟了多少等細節。尤其建議不要讓父母看到。雖然這不是在做什麼壞事，本來就不需要偷偷摸摸。**但因爲父母看到孩子要丟的東西堆積如山，有時會感受到非常大的壓力。**

「這孩子丟掉這麼多東西，不要緊吧……」除了這樣的不安外，當父母看到自己買給小孩的玩偶或衣服等被處理掉時，雖然明知從孩子的自立和成長這一點來看，這是值得開心的事，但還是不免覺得有些落寞。「要丟的東西不給別人看到」也意味著貼心，而且更重要的是，爲了不增加家人的東西，這是非常重要的動作。再說，家人過去也一直就生活在沒有這項物品的狀態下，就算丟掉了應該也沒有任何不便。我認爲，**如果你準備要丟的東西不小心被家人看到，讓他們有罪惡感、覺得很浪費，結果又把它回收，增加了不需要的東西，這才是眞正的罪惡**。

在這類案例裡，絕大多數都是「媽媽回收女兒的東西」。譬如媽媽拿了女兒不要的衣服，但後來有再度有效運用的機率，卻幾乎是零。我在替五、六十歲的客人上整理課時也發現，從女兒那拿來的衣服往往都因爲不會穿，最後還是丟掉了。替女兒著想的母愛，結果卻成了母親本身的負擔，所以還是應該盡量避免這種狀態。

當然，自己不用的東西，家人若能有效利用，這件事本身並非壞事。

如果與家人同住，在整理之前，不妨先問問家人：「有沒有最近你們打算要買的東西？」唯有在整理途中發現完全符合對方需求的東西時，再送給對方就好。

讓家人也變得會整理的妙方

「就算我整理了，家裡還是亂成一團。」

「我老公是沒辦法丟東西的人……要怎麼跟他說，他才會丟東西呢？」

就算想要追求理想的住家環境，但同住一個屋簷下的家人不會整理，這可真讓人煩惱啊。關於這個問題，我也反覆經歷了許多失敗。

我過去曾經對整理這件事走火入魔，不光是自己的房間，連兄弟姊妹的房間和家人的公共空間，都得整理乾淨才肯善罷甘休，總是對「不會整理的家人」感到焦躁不安。其中最讓我苦惱的，就是位於家裡正中央的更衣室，雖然是全家人共同擁有，但在我看來，裡面有一半以上都是不要的東西。衣架上掛滿從沒看媽媽穿過的衣服，還有款式明顯落伍、已經不能穿的爸爸的西裝，地上堆著裝有哥哥漫畫的紙箱。

就算我逮到機會問他們：「這個沒在用了，對吧？」他們也總是回答：「哪有？我有在用啊！」或是：「我下次會丟啦！」但過了很久還是一點都沒有要丟掉的跡象。我每次看著更衣室時，都不禁感嘆：**「爲什麼我那麼努力想讓家裡變乾淨，家人卻老是囤積不用的東西呢？」**不過，自詡爲「整理變態」的我，當然不會輕言放棄。

在焦躁不安到達極限後，我採取的戰術就是「偷偷丟掉整理法」。首先，以物品的款式、灰塵遍布的程度或味道等爲基準，辨別出長久以來都未使用的物品。然後先把這些東西移到更衣室深處，試探一下家人的反應。如果東西消失後，家人似乎也沒發現，我就會適當地拉開時間間隔，一點一點地把東西丟掉。這個方法大概持續了三個月，丟掉的東西合計超過十個垃圾袋。

老實說，這樣的作法幾乎都沒有被發現，有好一陣子都平安無事。不過，畢竟丟了那麼多東西，其中有一、兩件最終還是被發現了。

受到家人質疑時，我的反應非常過分。當有人問我：「咦？那件夾克在哪啊？」我基本上都是以「唔，我不知道喔！」裝傻到底。就算對方追問：「麻理惠，是妳擅自丟掉的，對吧？」我都還是會佯裝不知情地說：「我沒有丟。」我的理論是，如果這時對方說「是喔？那到底是放哪去了啊？」就放棄的話，就代表這是「丟掉也沒關係的東西」。不過，當對方還是堅持：「明明就應該在這裡。我兩個月前還親眼看到。」終於快要隱瞞不下去的時候，我也沒有老實招認、道歉，甚至還惱羞成怒，反嗆對方：「反正都是不用的東西，有什麼關係？」我擅自丟掉別人的東西，不但不反省，還滿不在乎地覺得：「因爲你沒辦法丟，所以我才替你丟的耶！」現在回想起來，當時的自己眞的是非常傲慢、荒唐。

結果想也知道，在家人嚴正指責與抗議之下，我終於被宣判了「整理禁令」。

其實在我逼得家人不得不發布這種命令前，我都想狠狠地甩當時的自己兩巴掌，畢竟擅自丟掉別人的東西，眞的是非常荒誕不經的行爲。雖然「偷偷丟掉整理法」很多時候的確沒被發現，但若考量到露出馬腳時，會讓家人間的信任關係產生裂痕，這舉動的風險也未免太高了。再說，這種行爲本來就是不對的。**更重要的是，如果想讓家人也變得會整理，其實還有更輕鬆的方法**。

在「整理禁令」實施後，除了自己的房間之外，我已經沒有別的地方可以整理，無可奈何之下，我又再一次重新環視自己的房間，然後發現了一個意外的事實。原來我的衣櫃裡才真的是還剩下不少「一次都沒穿過的襯衫」「款式看起來已經不能再穿的舊裙子」，而書架上「丟掉也無妨」的書也比想像中還多。

總之，我抱怨家人的事，也完全發生在自己身上。「我根本沒有資格指責別人啊！」我站在重新整理出來的垃圾袋前，心中暗暗發誓，要暫時專注在自己的整理工作上。

開始發生變化，是在兩個星期之後左右。以前就算被我抱怨都頑強抗拒丟東西的哥哥，竟然開始一口氣地整理起他的書。當時，他一天就丟掉兩百多本書。接下來，連爸媽和妹妹也都開始一點一點重新檢視衣服或小東西等自己的所有物，與過去相比，家中開始能夠維持在整理好的狀態了。

其實，**這才是對付「不會整理的家人」最有效的方法**。換句話說，就是要默默地丟掉自己的東西。如此一來，家人也會急起直追，開始主動把物品減量、開始整理。你甚至根本不必說：「快點整理啦！」「怎麼那麼亂啊！」或許各位會覺得不可思議，但只要有某個人開始整理的話，就會接二連三地引起連鎖反應。

而且，當你默默地整理自己的東西時，還會引發另一個有趣的變化，就是即便家裡有一點點亂，你也完全不會介意了。我自己就有這種親身體驗，當我把自己的空間整理到滿意時，就不再像以前一樣，想要擅自丟掉家人的東西，當感覺客廳或浴室等公共空間有點亂時，也變得能夠什麼都不說、自然而然就開始整理。這不光是發生在我一個人身上，同樣的也發生在許多客戶身上。

如果你對不會整理的家人感到不耐煩時，請試著檢查一下你的個人物品收納空間，一定還會發現應該丟掉的東西。**當你想要指責別人哪裡沒整理好時，就是自己的整理工作已經開始鬆懈的徵兆。**

因此，丟東西的時候，先從「只屬於自己的東西」開始。公共空間可以晚點再說，先試著好好面對自己的東西吧！

別把自己不要的東西送給家人

我有一個小我三歲的妹妹。

她喜歡一個人在家悠閒地畫畫、看書，遠勝過外出與許多人交流，算是滿怕生、低調的人。她從小就是我整理研究的絕佳目標，也可說是最大的受害者。

總之，學生時代的我都把重點放在「丟東西」上，但也還是有一些東西就是丟不掉。譬如說怎麼看尺寸都不合、卻還是很喜歡的衣服。即使我不死心地在鏡子前一再試穿，很遺憾就是不適合。但這是爸媽才剛買給我的衣服，丟掉實在於心不安，所以始終沒辦法丟掉。

這時，我的絕招就是「全都送給妹妹整理法」。雖說是送，但其實也沒有細心包裝，只是拿著沒辦法丟掉的衣服走進妹妹房間，把正躺在床上看書的她手裡的書拿起來，問她：「喂，這件衣服妳要嗎？如果妳要就給妳。」妹妹突然被我這麼一說，一時還摸不著頭緒，我就接著連珠炮似地說：**「這還很新，款式也好看，如果妳不要，那我就丟掉囉？沒關係嗎？」不知為何，我總是用語帶威脅的說話方式逼她做出決定。**被我這麼一說，為人隨和的妹妹也只好回答：「好啦！我收下就是了。」

由於這樣的對話頻繁出現，所以妹妹就算不常去購物，她的衣櫥裡也永遠呈現爆滿的狀態。結果，我給妹妹的衣服，有的她當然也是會穿，但很多衣服從此就再也沒看過了。

儘管如此，我還是一直「送」衣服給妹妹。畢竟衣服本身也不差，而且衣服應該是愈多愈開心啊……

然而，直到我開始從事整理顧問的工作後，才終於發現這樣的想法完全是個誤會。

那是發生在我協助客戶K小姐（二十多歲）一起整理衣服的時候。K小姐在化妝品公司上班，住在老家。看著正在拚命挑選衣服的K小姐，我總覺得哪裡怪怪的。她的衣服量大概就是裝滿一個稍大的衣櫃，算是平均水準，但留下來的衣服卻出奇地少。對於「是否心動」這個問題的答案，大多都是「不心動」。「那麼任務結束。謝謝！」我話一說完，她臉上就露出一種鬆了一口氣的表情，然後把那些衣服丟掉。

當我仔細觀察後發現，她的衣服大多以T恤等休閒裝扮爲中心，但回答「不心動」的衣服，則大多是緊身裙或深V連身洋裝等，風格迥然不同。我覺得有點不放心，一問之下，她才說：「那全都是姊姊給我的衣服。」而且當全部的衣服選擇完畢後，K小姐不禁嘟囔：「原來我一直都被這些自己根本不喜歡的東西圍繞著啊！」

最後發現，K小姐所擁有的衣服有三成以上都是姊姊給的舊衣服，其中眞正覺得心動留下的，只有少數幾件而已。換句話說，其他幾乎都因爲是姊姊給的，迫於無奈才穿，但若說自己喜不喜歡，答案卻是否定的。我覺得這是非常令人難過的事。

這樣的狀況不只發生在K小姐身上。其實身爲妹妹的人，與不是妹妹的人相比，前者丟掉衣服的量是絕對性的多。我認爲這與她們從小就習慣接收比自己年長者的舊衣物有關。

理由有二。第一，很明顯地，她們會囤積太多因爲是家人贈送而沒辦法丟的衣服。另一個則是，由於自己心動的基準還沒確定，所以猶豫不決的衣服變多。因爲有舊衣可以接收，不愁沒有衣服穿，所以買衣服的機會變少，於是也難以培養出用自己心動的感覺來選擇的能力。

我覺得舊衣服再利用的習慣本身很有意義。既節省，而且自己沒辦法有效運用的東西，身邊的人卻能樂意珍惜、愛用，再也沒有比這更開心的事了。但若是因爲自己丟不掉這種理由就輕易地送給家人，就值得商榷。而「送給媽媽」「送給女兒」也同樣應該禁止。

相信我妹妹也一樣，就算沒有說出口，但收下那些衣服時，心裡肯定也不是滋味。**我做的事，不過是表面上裝作好意，實際上是把丟掉自己東西的罪惡感推到別人身上而已。現在回想起來，連自己都覺得很過分。**

當你想把不要的衣服給別人時，請不要用「來，給你」這種無條件的方式，也不要用「你不要的話我要丟囉！」的方式威脅對方，而是要先問對方想要什麼類型的衣服，只給對方看符合條件的衣服。或是附加一些條件，譬如「如果有你就算花錢都想買的東西，就請拿去」，再轉讓給對方，這也是一種方式。我們必須體貼一點，不要讓他人承擔多餘的東西。

整理就是「透過物品與自己對話」

「麻理惠小姐，妳想不想試一試瀑布修行？」

因爲一位七十四歲女老闆突如其來的邀約，我曾經參加過一次所謂的瀑布修行。她雖然已經七十幾歲了，但仍以經營者的身分活躍在商場前線，她經常去滑雪、爬山，到處遊歷，是一位深具魅力的女性。這位女老闆瀑布修行的資歷已經超過十年，她常說「我要去淋一下水」。如今，對經驗老道的她來說，瀑布修行簡直就像去澡堂泡澡，是輕鬆享受的休閒娛樂。因此她帶我去的那個瀑布，絕非像體驗行程，而是適合入門者去的地方。

星期六一早離開旅館之後，我們往山中沒有路的地方前進，攀附著柵欄往上爬，涉水走過一條沒橋的河，嘩啦嘩啦的湍急水流大概到膝蓋的高度，一路爬山涉水，最後抵達的是一處杳無人煙的清澈瀑潭。

我爲什麼突然要說起瀑布修行的事？並不是單純在聊休閒娛樂而已，**其實是因爲瀑布修行與整理有很大的共通點**。

在瀑布修行的期間，你只聽得到轟隆隆的水聲，雖然全身受到湍急瀑布的沖擊，但疼痛的感覺卻馬上就消失，漸漸就變得麻木。不久之後，身體會慢慢地變得有點溫暖，然後進入所謂的冥想狀態。明明是第一次瀑布修行，但當時的感覺卻讓我覺得似曾相識，因爲這與整理時的感覺非常相近。

當你認眞整理時，雖然稱不上是進入冥想狀態，但的確會產生一種平靜地與自己面對面的感覺。因爲鄭重其事地與自己擁有的物品面對面，一一地去感受是否心動，或是有其他的感覺，就好像是透過物品與自己對話。

所以，在判斷作業期間，營造出一個盡量安靜、能夠讓你心平氣和的環境，是不可或缺的要素。最理想的狀態是連音樂都不要放。**偶爾會聽到「放著音樂、隨著節奏丟東西」的整理法，但我個人並不推薦。因爲這會讓我不禁覺得，難得有機會與物品對話，卻被聲音蒙混了過去**。開電視當然更不用說，絕對要避免。如果眞的是沒有音樂就沒辦法靜下心的人，那麼請選擇沒有歌詞、旋律不強烈，類似環境音樂的樂曲。

如果想要加強丟東西的氣勢，比起音樂的節奏，倒不如借助空氣感的力量。**換句話說，從早上的時段開始最佳**。因為早晨清爽的空氣可以讓思緒清晰，身體比較靈活，判斷力也更敏銳。我的課程當然也幾乎都是早上就開始，過去最早還曾從清晨六點半就開始，結果整理的速度也增加了一倍。

順道一提，瀑布修行連結束後的痛快感覺也和整理一樣，讓我心裡不禁蠢蠢欲動：「好想再去喔！」但是，只要開始整理，就算不特地跑到山上，也能享受與瀑布修行同樣的效果，你不覺得整理真的是太棒了嗎？

對丟不下手的東西說謝謝

「請用碰觸到物品瞬間心動的感覺，來判斷要留下還是丟掉。」

這句話聽來好像很有道理，但一般人聽歸聽，**還是會覺得：「我懂是懂，但就是丟不下手啊！」這也是人之常情。實際上最困擾的問題，應該是「不覺得心動，但就**

是沒辦法丟掉」的東西吧？

判斷物品的方法，大致上分為兩種：一是用直覺判斷，另一個則是用思考判斷。這個思考的部分如果往錯誤的方向運作，事情就會變得非常麻煩，當直覺明明已經做出「不心動」這個明確的回答，腦袋裡卻想著「說不定有一天會用到……」「可是，眞的很浪費啊……」，那就永遠都無法當機立斷地把東西丟掉。

為避免誤會，我必須慎重聲明，我並非認為丟東西時感到猶豫不決是件壞事。會感到猶豫，就代表你對這樣物品有一定的感情，而且任誰都無法只憑直覺就做出所有的決定。但正因為如此，更希望各位不要只以「因為浪費，所以沒辦法丟掉」這種理由就草草了事，就更應該試著與這些物品徹底地面對面。

「為什麼我會有這樣東西呢？它來到我身邊，到底意味著什麼呢？」

對於覺得「沒辦法丟掉」的東西，請重新思考「這項物品所具備的眞正功能」。

舉例來說，你的衣櫃裡如果有一件買了之後幾乎都沒穿的衣服，請試著回想：你為什麼會買這件衣服呢？

「在店裡看到，覺得很可愛，所以就……」

如果在買下這件衣服的那一瞬間曾經讓你心動，那它就完成了一項任務，就是賦予你「買下那一瞬間的感動」。但是，爲什麼你幾乎都沒穿過這件衣服呢？

「因爲穿了以後，發現其實不太適合我……」

如果這樣的結果讓你之後不再買同樣的衣服，這表示「這種衣服原來不適合自己」，也是這件衣服另一項重要的任務。

如此一來，這件衣服可說已充分完成了自己的任務。**因此，對它說一聲「謝謝你在我買下你的那一刻讓我感到心動」「謝謝你告訴我自己不適合什麼衣服」，然後再丟掉就好。**

每樣東西都有它不同的任務，所有的衣服並非都是因爲要被完全穿壞，才來到你身邊。這就和人與人之間的緣分一樣，你遇見的所有人並非都會變成摯友或戀人，對吧？正因爲有些人讓你覺得「我有點害怕這種人」或「我就是和這種人合不來」，你才會再次體會到「我還是比較喜歡這個人」，然後愈來愈覺得這個人很重要。

因此，對於「雖不心動，但就是沒辦法丟掉」的東西，請一一思考它們的任務。然後你就會發現，出乎意料地，很多東西其實已經完成它們的任務了。唯有好好地面對物品爲我們完成的任務，表示感謝然後放手，在物品與我們的關係中，才算是完成了「整理」的動作。

經過這樣的過程後留下來的東西，才是你應該珍惜的東西。

爲了珍惜你眞正該珍惜的東西，所以必須把完成任務的東西丟掉。

因此，「丟掉很多東西」並不是糟蹋、浪費。反過來說，把東西收在壁櫥或衣櫃深處，甚至忘記它的存在，眞的表示好好珍惜它們嗎？

如果，物品也有心情和感覺的話，它們應該一點也不開心。

請儘速把它們從監牢或是偏遠的地方救出來，懷抱著「謝謝你這些日子以來的陪伴」的感恩之心，痛快地解放它們吧！

我覺得在整理之後，無論是人或物，一定都同樣感到舒暢吧！

第 3 章

按「物品類別」整理時竟如此順利

一定要按「物品類別」的正確順序整理

「歡……歡迎妳來！」

每當大門喀嚓地一聲打開時，在裡頭迎接我的通常都是神色緊張的客戶。我第一次造訪客戶的住家時，他們幾乎都很緊張。當然，在我登門拜訪前，彼此已經見過好幾次，並不是初次見面，但一想到接下來將要展開浩大的整理計畫，多數人還是不禁緊張了起來。

「我家都快沒有地方站了，眞的能整理乾淨嗎？」

「我應該沒辦法一口氣、短時間內、徹底地整理吧？」

「雖然麻理惠小姐說絕不會再變亂，但我會不會還是回到原狀，然後我就成爲第一個又變亂的人，那該怎麼辦啊？」

我非常能夠體會客戶們的種種不安，但是絕對沒問題的。**不管你是多麼怕麻煩的個性，就算你祖宗八代都不擅長整理，就算你忙得不可開交、根本沒有時間，但誰都**

可以學會正確的整理方法。

我要先聲明，整理本來就是開心的事。重新面對自己過去毫無意識的物品，確認自己的感覺，對已經完成任務的物品表達謝之意後，送走它們，**這個過程就像是與自己的內在面對面、盤點存貨的重生儀式**。因爲選擇的基準是「是否感到心動」，所以也不需要艱澀的理論或數字。

所以，請準備好大量垃圾袋，放心地開始整理。

只是，一定要遵守順序。一開始是衣服，接下來是書籍、文件、小東西，最後才是紀念品。若按照這個順序進行物品減量，就能以驚人的速度順利進行整理。因爲從比較容易判斷該留該丟、分類明確的物品開始整理，才會比較輕鬆。

換言之，最初先從衣服開始。如果想要更有效率，建議可以把衣服先粗略分類，再一口氣進行選擇。衣服種類可大致區分如下：

- 上衣（襯衫、毛衣等）
- 下半身（褲子、裙子等）
- 外套（夾克、西裝、大衣等）

- 襪子類
- 內衣類
- 包包
- 配件（圍巾、皮帶、帽子等）
- 季節性衣物（浴衣、泳裝等）
- 鞋子

雖然說是衣服，但包包、鞋子也都歸爲同一類。

爲什麼這是正確的順序呢？我只能說，這是我把前半生都奉獻給整理之後所總結的經驗。總之，按照這個正確順序來整理，就能順利進行，外觀看起來也會變得愈來愈清爽。而且，因爲判斷要留下的，都是自己眞正感到心動的東西，所以整理期間儘管身體上會有些疲憊，但精神上卻會逐漸恢復朝氣，不久之後甚至還會因爲感受到丟東西的快感而停不下來。

不過重要的是，要留下什麼？要和什麼東西一起共度接下來的生活，自己的人生才會感到心動？請用好像從商店架上挑選自己最喜歡物品一樣的感覺，來選擇心動的

物品。

掌握了基本原則後，接下來就趕緊來造一座「衣服山」吧！然後請把它們一件一件地拿在手裡，悄悄地問自己：「我心動嗎？」「整理節慶」的序幕就此展開。

衣服 先把家裡所有的衣服都放在地上

首先，從家裡所有收納處的衣物集中起來。不論是衣櫃抽屜、臥室衣櫥，或床底下的收納箱，**重點就是「一件不剩地全部集中起來」**。

當客戶說這樣應該差不多了的時候，我一定會問的問題就是：「除了這些之外，家裡確定已經沒有你的衣服了嗎？」接著我還會這麼說：「那麼接下來出現的衣服，就當作不曾存在，要請你直接丟掉喔！」

換句話說，就算稍後從別的地方又冒出了衣服，也不再受理、一律丟掉。每當我這麼說之後，客戶常常就會說：「啊！我老公的衣櫃裡好像還有……」「和室的牆上或許還掛著幾件……」又偷偷地多加了幾件進來。

每次我都非常嚴格執行這種自動扣除般的截止制度，而客戶也會因爲害怕東西被無條件地丟棄，所以認眞地回想是否還有漏網之魚。最後眞的被毫不留情直接丟掉的狀況其實不多，但這個時候還是想不起來的東西，通常都是就算擁有也不心動的，所以我也絕不會手下留情。順帶一提，正在洗的衣服不在此限。

當衣服全都齊聚一堂時，光是上衣類就在地上堆出了一座高達膝蓋的小山。雖然統稱爲上衣，但從夏衣到冬衣都有，其中又分針織衫、T恤、細肩帶背心……等，種類繁多。**附帶提供一個資訊，通常在最初階段的上衣平均持有數爲一百六十件左右。大多數人會不禁在這座小山前目瞪口呆好一會兒，驚呼：「原來我有這麼多衣服啊……」**接著馬上就碰到了整理的第一個障礙。面對啞口無言的客戶，我通常會這麼說：

「總之，我們先從非當季的衣服開始吧！」

爲什麼要選擇以過季衣服爲值得紀念的整理節慶的起點？這是因爲非當季衣物是所有物品中最容易純粹感受到心動的品項。

如果是現在正在穿的衣服，一般人總會不自覺地想「雖然不心動，但我昨天才穿過」或「丟了現在穿的衣服，會很困擾」，往往就會無法冷靜地面對自己心動的感覺。正因爲現在沒有迫切需要，所以可以純粹地以是否心動的基準來選擇，這就是從非當季衣服下手的優勢。

爲了確認是否對每一件過季衣物感到心動，我推薦各位問自己一個問題，那就是：「下一季時無論如何都還想要再穿嗎？」更進一步來說，就是：「如果今天氣溫突然變了，現在馬上就想穿嗎？」

「妳說是不是無論如何都還想再穿，好像也沒有那麼嚴重……」如果你這麼想的話，就請放手吧！當然，如果這件衣服是下一季也能爲你增添光采的衣服，也別忘了對它說聲：「謝謝你爲我增色不少。」

我這麼一說，或許有人突然會擔心：「按這樣的基準，不就沒衣服好穿了嗎？」請別擔心，就算你覺得數量減少了很多，但只要選擇心動的東西，一定會留下對自己而言必要的數量。

如果靠著過季衣服漸漸掌握自己心動的判斷基準之後，不妨試著按照這樣的作法緊接著挑選當季的上衣、褲裙吧！

重點就是，一定要把所有衣服從收納空間裡拿出來、堆在地上，然後一定要一件一件地拿在手裡，觸摸之後再做判斷。

家居服

「因爲丟掉可惜，就當家居服」，萬萬不可！

既然好不容易都買了，也還能穿，丟掉未免也太可惜。不知道客戶是否因爲這種想法，所以常常問我：「雖然不能穿出門，但當家居服可以嗎？」如果我這時回答：「嗯，好啊！」到目前爲止順利減少的衣服總量結果就會完全沒有改變，只有家居服的部分又開始愈堆愈高。

雖然這麼說，但我過去也曾有過一段時期把無法當外出服穿的衣服「降格」爲家居服來穿。不知不覺間就習慣把毛球變得顯眼的羊毛衫、款式過時的針織衫、原本不太穿出門也不適合自己的襯衫等稱爲家居服，留下來沒有丟掉。

但是，像這樣降格爲家居服的衣服當中，十之八九還是沒穿。而且我後來慢慢發現似乎有很多人也是一樣，因無法活用這些「降格組」的衣服而大傷腦筋。

當我詢問理由，得到的答案全都是「就算在房裡穿也無法放鬆」「本來是外出服，在家裡穿好可惜」「不喜歡」……那這些就已經不能稱爲家居服了啊。結果，只不過是把丟掉不心動衣服的動作不斷地延後而已。

仔細想想，連家居服在商店裡都自成一個類別，更不用說外出服與家居服本來就不同。無論是素材還是款式，都讓人感覺輕鬆的才是家居服，所以降格組裡眞的能被活用的，頂多也只有棉質T恤而已吧。

而且，把不讓人心動的外出服當作家居服這個想法，似乎也有點奇怪。在家裡的時間一樣是生活，不管是否有來自他人的眼光，但時間的價値應該也沒有不同。

所以，從今天起就改掉把讓人不再心動的衣服挪作家居服的習慣吧。好不容易要在理想的房間裡追求理想的生活，卻還穿著不讓人心動的衣服，這才叫做可惜吧。

家居服並不是要給別人看的，但你不覺得正因爲如此，才更應該換上最讓自己心動的家居服，提升自我形象嗎？睡衣也是一樣。如果你是女性，請盡情地做最可愛、最有氣質的打扮吧！

最糟糕的就是，在家時穿著一整套運動服。

我的客戶當中，偶爾會碰到無論白天醒著或晚上睡覺時都穿運動服的人。**如果整天都穿著運動服，自然而然就會變成一個適合運動服的女生**。這樣聽起來或許有些極端，但我眞的這麼覺得。

那男性呢？家居服對男性自我形象的影響，與女性相比相對較小，所以男性似乎不需要像女性那樣擔心費神。

順帶一提，**也許各位不知道在家時總穿著運動服的單身女性，房間裡總放著仙人掌盆栽**。我覺得身爲女性，比起在房間裡養仙人掌，擺上花朵來妝點房間不是更美好嗎……

據說，仙人掌是一種會散發出特別多負離子的植物，或許在家時整天都穿運動服的女性，是潛意識裡尋求慰藉，所以才放仙人掌的吧？如果換上可愛的家居服，就算不依賴仙人掌，也可以成爲自己就能散發負離子的女性，這不是很讓人興奮嗎？

衣物的收納

「折疊收納法」一舉解決收納空間的問題

一口氣將衣服選擇完畢時，決定留下的數量，其實就會減少到原本的三分之一至四分之一左右。因爲這些堆積如山的衣服還在地板上，接下來就必須收納。

那麼該怎麼辦呢？在說明之前，請大家稍安勿躁，先陪我閒聊一下。當我在聽客戶傾訴關於整理的煩惱時，有一件事我無論如何就是無法理解。

「衣櫃都不夠放，好困擾喔！」

說這句話的是家庭主婦S女士（五十多歲）。但光從住宅平面圖來看，她自己專用的衣櫃就有兩個，而且空間還是一般衣櫃平均大小的一點五倍左右，怎麼想都覺得收納空間應該不會不夠。儘管如此，聽說除了衣櫃之外，她還放了多達三個的不鏽鋼製掛衣桿，上面全都掛滿了衣服。

「我到底有多少衣服啊？或許超過兩百件吧……」

我誠惶誠恐地拜訪她家時，終於恍然大悟了。

當我喀嚓一聲打開一整面衣櫃的門，映入眼簾的全是像洗衣店般掛在衣架上滿滿的衣服。除了外套、裙子，連T恤、針織衫、包包、內衣，全都掛在衣架上擺成一排，沒有任何其他東西。面對目瞪口呆的我，S女士不知爲何開始一個勁兒地炫耀她的衣架：「這是掛針織衫也不會滑落的衣架喔！」「這是我從德國買回來的手工衣架喔！」在持續了五分鐘衣架講座之後，S女士還用最燦爛的笑容對我說：「衣服掛著不會皺掉，而且也不會損傷衣服，很不賴吧？」後來我才知道，她完全不折衣服。

衣服的收納方法有兩種：一種是只使用衣架掛在吊衣桿上的「吊掛收納」，另一種則是折好後排列收在抽屜裡等的「折疊收納」。我也明白，這麼一寫，很多人很容易就被怎麼看都比較簡單的「吊掛收納」所吸引，但我絕對比較推薦以「折疊收納」爲中心的收納方式。

「把衣服一一折好收到抽屜裡，好麻煩喔。如果可能，我希望全都掛在衣架上。」會這麼想的你，完全不明白折疊眞正的威力。

首先，從收納力的問題來看，「折疊收納」與「吊掛收納」根本無法相比。當然也因衣服的厚度而異，例如可以掛十件衣服的空間，只要折疊方法正確，就可以收納二十到四十件衣服。前述案例中的S女士也一樣，由於她的衣服總量本身就比平均數稍微多了一些，如果用折疊的方式，毫無疑問就能夠完全收進衣櫃裡。**衣服的收納問題，只要能好好折起來，其實幾乎都可以解決，這麼說一點也不爲過。**

折疊的效果還不僅於此。**其實，折衣服眞正的價値就在於透過用自己的手碰觸衣服，把能量傾注到衣服當中。**

聽說「治療（手当て[1]）」這個單字，是源自於在醫療不如現今發達的時代裡，靠著把手蓋在受傷部位促進治癒而來的。此外，牽手、摸頭、擁抱等親子間的肌膚接觸具有穩定小孩情緒的效果，也是知名論點。在按摩時，比起被機器嘎吱嘎吱地按壓，被人用雙手揉開緊繃的筋骨，肯定比較舒服吧。換句話說，當雙手所釋放出的能量注入體內時，我們身心都受到撫慰，得以恢復精神。

這樣的道理對衣服而言也一樣。**當主人好好地用手觸摸、整理時，對衣服而言也是一種非常舒服、被灌注了能量的行爲。因此，折得好的衣服，皺折會被整平，衣服的質地也會精神奕奕地活了起來。**小心折好、收納的衣服，與隨手放進抽屜裡的衣服，光是穿上時的張力與光芒就不同，兩者的差別可說是一目了然。

折衣服，不單單只是爲了收納而把衣服折小的作業，而是慰勞總是支持自己的衣

服，向它們表達愛意的行爲。

因此，折衣服時應該要邊折邊心存感激地對它們說：「謝謝你總是守護著我。」當你洗完衣服之後，透過折疊的過程，可以確實地觸摸到衣服，還可以注意到「啊！這裡的縫線掉了」或「這件衣服也差不多不能再穿了啊！」之類的細節。折衣服，換句話說就是和衣服的對話。

尤其是日本人，應該更能感受到折衣服的舒暢才是。因爲日本原本就是擁有折衣服文化的國家。請回想一下和服或浴衣。沒有任何國家像日本一樣，會如此一絲不苟地配合衣櫃抽屜的大小、把和服折成四四方方、恰好可以吻合抽屜的形狀。

我深信日本人本來就具備了「折疊的基因」。

衣服的折法

完全剛好、最正確的折法

洗衣、曬衣、收衣都還算好，但就是覺得折衣服麻煩。再說，反正都要再穿，一件一件折起來看似白費力氣。

因此不知不覺就直接堆成一座山，從中挖出要穿的衣服，就成了每天的習慣。這樣的習慣到了最後，房間的一角就會變成堆衣服的地方，然後這個領域就會漸漸侵蝕你的生活空間。

像這樣討厭折衣服的人，一定都是不知道正確折衣服方法的人。

但請放心，我的學員中，從未有人一開始就能正確折衣服。非但如此，甚至還有人宣告「我已經決定不折衣服了」，有的人打開衣櫥時，塞滿的衣服就像凝固的果凍一般；有的人打開抽屜時，衣服就像禮盒裡的生蕎麥麵一樣被捲成長條狀……連「折衣服」的「折」都稱不上的狀況，倒是相當多。

但是，每個人畢業時都說：「折衣服眞是開心的事！」一位家庭主婦A太太（二十多歲），因爲實在太討厭折衣服，媽媽還要特地來幫她折衣服，不過後來連她都變得很喜歡折衣服，甚至現在還反過來指導她媽媽折衣的方法。

只要學會折衣服的方法，就能每天開心使用，而且一生受用。我甚至覺得，如果一生就在不知道正確折衣方法的狀況下過去了，那無疑是人生的重大損失。

在學習折衣方法前，請先想像一下衣服收納完畢後的畫面。目標請訂在一拉開抽屜時，一眼就知道哪裡有些什麼的狀態。就好像可以看到書背一樣，以垂直的狀態來整理。

「直立」是收納最基本的原則。

我偶爾會發現某些人把衣服折得又大又薄，放在抽屜裡疊在一起，就像店鋪裡的商品陳列一樣，這眞的有點可惜。這種折法適用於，當衣服作爲商品被暫時擺放在店內陳列時，與今後要慢慢相處的家用折衣收納方式不同。他們的論點是「因爲折好幾折就會變皺，所以盡量減少折疊次數」，但其實這樣只會招致反效果。

的確，「直立收納」時，因爲必須折得比較小，折疊的次數必然會變多。**但其實衣服的皺摺之所以顯眼，並不是因爲折疊次數的多寡，而是取決於被壓到的折痕深**

淺。

換句話說，折得很薄、堆疊在一起時，疊得愈多，上面衣服的重量愈重，下面被壓住的布料，折痕就會變深，結果就讓「皺摺感」變得更爲明顯。只要想像一下就很容易理解，折一張紙時所產生的折痕，與把一百張紙疊在一起之後再折時所產生的折痕，哪一個較深呢？相信各位都已經明白，一百張紙疊一起折的時候，比較不容易產生折痕。

如果已經能夠想像衣服直立放在收納箱裡的畫面，那就趕緊開始試著折吧！雖說是**正確的折衣方法，但重點也只有一個，那就是「折好時必須變成一個光滑簡單的長方形」**。首先把前後衣身（除了袖子和領子之外的部分）稍微往內折（此時袖子的折法可隨意折），做出一個縱向較長的長方形後，剩下的則配合衣服的高度調整，折成四折或六折都可以。基本的作法就只有這樣。

不過，實際上折的時候，有時候不管怎麼折都很「鬆垮」。雖然大致上折成四角形了，但卻整個軟趴趴地靠不住，就算想直立著收納，也馬上就倒下來。如果會變成這種狀態，那就是這種折法不適合這件衣服的徵兆。**其實，每一件衣服都分別有各自的「黃金點」，讓它們在折好時能夠正好挺立**。

所謂的黃金點，就是對那件衣服而言最舒服、最適合的折法。黃金點會因衣服的質地或大小而有所差異，所以必須不斷嘗試改變折法，從中找出最適合的一種。話雖如此，但這過程其實並不難。通常只要調整一下直立時的高度，就能輕而易舉地找到黃金點。

秘訣就是，布料柔軟輕薄的衣服，寬度和高度都折得小一些，而布料鬆軟較厚的衣服，則可以折得比較寬鬆一些。此外，折的時候，從布料較薄的角落開始著手會比較容易。

當折法準確無誤時，所獲得的快感實在難以言喻。直立收納時也不會倒塌的穩定感、拿取時合手的舒適感，就好像衣服在對你說：「對了！對了！我就是希望你這樣折我！」這就是你與衣服心靈相通的歷史瞬間。看到客戶的表情突然亮了起來的那一刻，也是我上課時最喜歡的一個瞬間。

衣物的擺法

把心動的感覺帶進衣櫥的絕招

打開衣櫃時，看到自己最喜歡的衣服整齊地一字排開，就是讓人心情愉悅。但實際上，很多人都是「衣櫃裡面亂七八糟，根本不好用」「每次打開衣櫃時，都不禁嘆氣」。仔細聽這種人的描述就會發現，原因大概可以分爲兩種。

一種是掛了太多衣服。在某個客戶的家裡，衣櫃吊衣桿上掛的衣服已經滿到極限，要拿一件衣服出來就得花上三分鐘。左右根本動彈不得的衣架，必須費勁地用力往外拉，好不容易拉出來時，兩旁的衣服還被勾到，結果就像從烤吐司機裡蹦出來的吐司一樣，猛力地飛了出來。也難怪這個衣櫃好幾年都不用了。這雖然是非常極端的案例，但多數人的衣櫃因爲掛了過多衣服導致不好用，卻是不爭的事實。因此我建議各位，能夠折起來的衣服，最好就盡量折起來。

當然，也有很多衣服適合「吊掛收納」。一般來說，大衣、西裝、夾克、裙子、洋裝等就是。**對於要掛起來的衣服，我的選擇基準是「掛起來時，衣物本身會感到開心」。當風吹過時會翩翩起舞、搖曳生姿、滿心歡喜的衣服，或是一板一眼拒絕被折起來的衣服，我就會老老實實地把它們掛在衣架上。**

「吊掛收納」會使得衣櫥裡亂七八糟的另一個理由就是，掛的方式弄錯了。首先，最基本的原則是把同類的衣服全都掛在一起，並請明確地分成夾克區、襯衫區等來吊掛收納。和自己同類的人在一起時，就會無條件地感到安心，無論是人和衣服都同樣適用於這個道理。**光是把衣服按照不同類別分開吊掛，衣服的安全感也完全不同**。光是這樣，就足以讓衣櫃裡看起來清爽整齊、煥然一新。

話雖如此，還是經常聽到客戶有「就算確實分類了，但不知不覺間又會變亂」的煩惱。那麼，**既然好不容易收拾整齊了，就讓我來爲各位介紹一個爲了完美維持「吊掛收納」的獨門絕招**。

那就是，把衣服按「往右上方」的排列方式來吊掛。請試著在紙上畫一個往右上方走的箭頭，和一個往右下方走的箭頭。用手指在空中畫線也可以。

有什麼感覺嗎？相信各位會感覺到，當箭頭往右上方走時，胸部附近有一種微微心動的感覺。因爲往右上方的線條會讓人覺得舒服。把這個原理應用在衣櫃的收納上，就能隨時把這種「心動的感覺」帶進衣櫃裡。

換句話說，在面對衣櫃時，左邊要收納重的，右邊要收納輕的衣物。具體來說，左邊最好放衣長較長、質料較厚、顏色較深的衣服，然後愈往右就愈要收納衣長較短、質料較輕、顏色較淡的衣物。

如果用類別來說，面對衣櫃時，由左至右要按大衣、洋裝、夾克、褲子、裙子、襯衫的順序來掛衣服。這是最基本的排列方式，由於每個類別的重要性會依個人打扮風格有所差異，但請按自己的感覺，營造出整體上「往右上方」的平衡。然後，每個類別中，也要分別以往右上方的順序來排列。

站在這種往右上方順序排列的衣櫃前，就能體會到一種不可思議與心動的感覺，好像全身的細胞都活了起來。因爲物品會敏感地吸收主人的心情，所以潛意識裡自己所感覺到的「往右上方走的心動感覺」，也會轉移到物品身上。於是，連把衣櫃關上時，也都會開始飄散著一股輕鬆愉快的氣氛。這種心動的感覺，只要體驗過一次就會上癮，按類別的收納自然就不會走樣。

如果你覺得就算拘泥這些細節也不會有什麼改變……那絕對會吃大虧。把這種心動魔法帶進收納的各個角落，也是維持整潔房間的秘訣之一。改變衣服的排列，只需花上十分鐘而已，建議各位不妨就當是上了一次當，眞的試一次看看。當然，千萬不要忘記大前提是，衣櫃裡只留下令你心動的衣物。

襪子類的收納

襪子或絲襪都不可以綁起來

不知各位有沒有過這樣的經驗，就是自以爲出於善意的行爲，卻在意想不到的地方傷害了別人。這種時候，加害者往往一點也聽不到受害者內心的吶喊，還一副若無其事的樣子。在家裡，這種狀況似乎最常發生在襪子的收納上。

這件事發生在家庭主婦資歷三十年的S女士（五十多歲）家中。我們先從衣物開始整理，整理完夏天與冬天的衣物，又整理完內衣類後，我說：「進行得很順利呢！那接下來就照這樣的氣勢來整理襪子類吧！」正當我打開桐木衣櫃的抽屜時，不禁「啊！」地叫出聲。

馬鈴薯般的襪子咕嚕咕嚕地從抽屜裡滾了出來，正確地說，是被緊緊綁成一團的絲襪，還有從襪口的地方翻過來被捲成一團的襪子們。穿著白色圍裙的S女士笑笑地對著啞口無言的我說：「這樣收，馬上就拿得出來，很方便吧？」「收的時候只要捲成一團就好，非常輕鬆呢！」雖說這是我在居家課程中經常看到的情景，但每次看到時，我還是有一種快要昏倒的感覺。

我再清楚地說一次：絲襪，絕對不可以綁起來。還有，襪子絕對不可以翻過來捲成一團。

「請好好地看一下。」我指著其中一顆馬鈴薯。

「它們現在應該是在休息，但是完全都沒辦法休息，對吧？」

沒錯。在收納狀態下的襪子們，就是正在休息。襪子總是被操得很厲害，它得承受腳與襪子之間的悶熱與摩擦，但卻還是勤快地包覆著主人的雙腳。被收納起來的時候，原本應該是它們難得擁有的短暫休假。但是，它真的能夠休息嗎？被綁在一起，或是被翻過來捲成一團的襪子，卻時時被撐開，鬆緊帶的部分承受著壓力，一直都處於緊繃的狀態。而且還被隨意丟進抽屜裡，每當抽屜開關時，它們就會一會兒滾到這，一會兒滾到那，互相碰撞，根本沒辦法安安靜靜地睡覺，甚至滾到抽屜深處，最後完全被遺忘。結果，一直被撐開的襪口變得又鬆又垮，壽命一下子就縮短了不說，好不容易被穿上時，還得換來主人一句「啊！這鬆掉了啦！」的抱怨。

對襪子們來說，還有比這更慘的待遇嗎？

首先，絲襪的正確折法如下。把綁在一起的絲襪解開，左右腳的部分重疊後縱向折成一半，然後再折成三等分的長度。這時的重點是，要把腳尖的部分往內折，腰的部分稍微多留一點凸出去。在這個狀態下，再由下往上捲起，捲完時如果腰的部分在最外面，就代表前面都做對了。半統絲襪也是用同樣的折法。褲襪等稍微厚一點的就先折成兩等分會比較容易捲起。總之，最後只要結束在如同壽司捲的狀態就可以了。

收納時，要把絲襪直立放入抽屜裡，讓漩渦狀那一面朝上。只是，如果直接放進塑膠製的抽屜裡時，好不容易捲起來的部分會因爲塑膠材質光滑的表面而鬆開，所以不妨先放進紙盒，再放進塑膠製的抽屜。順道一提，鞋子空盒的大小剛好適合用來做裝絲襪用的隔板。

如此一來，只需一眼就能馬上掌握自己所擁有絲襪的數量，因爲沒有綁在一起，也不會造成絲襪的損傷，更不會把絲襪弄皺，穿得時候也輕鬆，百利而無一弊。絲襪也會很開心。

襪子類的折法更簡單。先把襪口被翻過來的部分還原，把左右腳的襪子重疊，用和衣服同樣的訣竅折起來。像運動襪之類的鞋內襪，就簡單地對折。短襪就折三折，長襪就折成四至六等分，長度只要配合收納用抽屜的高度即可，一點都不難。折法的基本原則就是以「折好時變成單純的長方形」爲目標。

收納時也和衣服一樣，只要直立起來排列就好。相信這麼做之後，你一定會非常驚訝，只需要花那麼小的空間就可以收納所有襪子，這是在「馬鈴薯收納時代」所無法想像的。襪子們終於從壓力中解放，恢復元氣的樣子也一目了然。

順帶一提，當我看到穿制服的學生時，就會不自覺地檢查他們的襪子。一旦發現對方長襪的襪口有點鬆垮，就會忍不住想要告訴他：「你知道襪子怎麼折才對嗎？」

換季

從此不需再換季的收納法

六月，就是一般人說的換季季節。在梅雨季即將來臨的時期，好像就會理所當然地用到這句話。每當我聽到時，都會覺得特別懷念：「啊！原來還有這件事啊！」因爲，**我自好幾年前開始，就根本沒有在做換季的動作了**。

原本換季這件事，是自古以來自中國傳來的風俗，在日本的起源則來自於平安時代宮中的儀式。到了明治時代之後，六月起換成夏衣、十月起換成冬衣的習慣，開始成爲穿制服者的固定制度。換句話說，這本來應該是存在於學校或公司等組織裡的規定，一般人在家並沒有換季的義務。

但我過去也有過一段時期總覺得必須換季，所以每年的六月和十月都會認眞地調換衣櫃抽屜的順序，或是替抽屜裡的衣服變換順序。

但說實話，這些動作很麻煩。即使衣櫃上面的箱子裡有想穿的衣服，但實在懶得拿出來，所以只好妥協改穿別的。要是一不小心過了六月，甚至是七月，才終於想到要把夏天衣服拿出來時，才赫然發現最近新買了一件一樣的衣服。而換季之後，又突然變回上一季的天氣也是常有的事。尤其近年來冷暖氣設備發達，冷熱的感覺逐漸變得模糊，冬天穿T恤變得一點也不稀奇，換季這件事似乎已經不符合時代潮流了。

不如就趁此決定不再換季吧！換句話說，就是把無論當季或過季的衣服都整理成

隨時可用的狀態，從此不再有任何調換抽屜順序等的動作。

我也會建議客戶做不換季的收納，由於隨時都能夠掌握自己擁有衣服的狀態，所以大獲好評。其實沒有任何特別困難的技巧，只要以「不換季」的前提來收納即可。**訣竅就是不要把衣服做太細的分類，而是把衣服按「偏棉質」「偏羊毛」等質料大致分類後，放進抽屜就好。按夏衣、冬衣、春衣等這種季節的分類，或是按上班、休假用這種用途的分類，都很容易變得模稜兩可，所以應該盡量避免。**

當收納空間沒有那麼充裕的時候，就只要把配件換季就好，夏天就是泳衣、帽子，冬天就是圍巾、手套或耳罩等。大衣雖然不是配件，是大件衣物，但也可以用同樣的原則處理。如果只有這些東西，收到衣櫃的深處也不要緊。

但即便如此，萬一收納空間還是不夠，不得不把過季衣服收起來時，就不妨在收納方法上想點辦法。或許很多人會想像，要準備一些有蓋子的收納箱，專供換季使用，但這其實是最難運用的道具。因爲蓋子上面最後往往會不知不覺堆上許多雜物，要從箱子裡拿東西出來頓時變得麻煩，於是一不留神，季節就過去了，這類的事也很容易發生。**如果今後還有機會購買收納商品時，我絕對比較推薦能夠輕鬆取出物品的抽屜型收納。**

總之，即使是過季的衣服，也盡量不要把它變成「收起來」的狀態。**因為被收到衣櫃深處的衣服，隔了半年之後再被拿出來時，總是看起來鬱悶、衰弱**。所以，要記得偶爾讓它們接觸空氣與陽光，拿出來觀賞和觸摸，對它們說聲：「下一季也拜託你們了！」我認為，像這樣一有機會時就與衣服溝通，它們也會神采奕奕、延年益壽，人與衣服間的心動關係也能更為持久。

書的整理法

把所有的書排在地上，一一觸摸

衣物的部分結束後，接下來終於要進入書籍類的整理了。

能夠擠進「沒辦法丟掉的東西」排行榜前三名之一的，非書籍莫屬。

無論愛看書或不愛看書，「唯獨書就是沒辦法丟」的人想必非常多。但是，比較不為人知的是，書之所以沒辦法丟，其實是因為搞錯了「丟」的方式。

在外資顧問公司工作的Y小姐（三十多歲），非常愛看書。除了暢銷的商業書籍大致都有涉獵外，興趣廣泛的她也讀小說和漫畫，她的房間眞的全都被書本所塡滿。除了有三座高度到天花板的書櫃之外，沒地方收的書全堆在地上，高度已經到腰部左右，粗略數一下，眼看就會倒塌的書堆就多達二十座。在房間裡走動時，還得一邊護著腰，一邊小心避開這些書堆，感覺十分奇妙。

「那我們趕緊進入正題吧！請把書架上所有的書都拿出來。然後把全部的書都堆在地上。」

我一如往常地這麼說時，Y小姐睜大了眼。

「全部嗎？我的書眞的很多喔！」

「是，我知道。請全部都拿出來。」

我很乾脆地回答，Y小姐卻一副有難言之隱的樣子繼續說：「呃，不是這樣的，那個……」

「我只是覺得，像現在這樣擺在書架上，在可以直接看得到書名的狀態下選擇，會比較輕鬆。」

的確，書大致上都會收納在同一個地方，在書架上一字排開時，都處於可以看到書背的狀態，直接選擇也行。再加上書有重量，拿上拿下的確是頗爲費力。因爲最後可能還是會回到同一個書架上，所以特地拿出來好像多此一舉，非常麻煩……或許各位會這麼想。**但是，把所有的書從書架上拿出來的這項作業，絕對不能跳過**。因爲當書原封不動收在書架上時，會無法用是否心動的判斷來做出選擇。

不僅限於書籍，衣服或配件也一樣，長期被收在收納箱裡、沒有移動的狀態，其實是在「睡覺」，甚至說完全沒有存在感也不爲過。就好像隱藏在草叢裡動也不動的螳螂，已經和周圍融爲一體到已經看不見了一樣（發現時會讓人嚇一跳，對吧？），明明存在卻看不見。所以，就算問自己對書架或抽屜裡的東西「我心動嗎？」，也不太有感覺吧！

因此，在選擇東西是留是丟時，最好先把它們從收納空間裡拿出來叫醒。就連本來就放在地上的書，至少也要換個位置，或是刻意重疊一次，絕對會變得更容易選擇。就好像在睡著的孩子臉頰上拍幾下叫他們起床一樣，透過物理上的移動，讓它通風，給予刺激，就能清楚地喚醒物品的意識。

實際上，我在整理現場常會做一個動作，那就是輕輕拍打堆在一起的書封，或是面對書堆擊掌後雙手合十……客戶雖然會露出不可置信的表情，但往往後來也會因爲選書的速度與準確度截然不同，而感到非常驚訝。

他們都說：「我很清楚地知道自己要的東西與不要的東西！」**但是當書處於一直放在書架上的狀態下時，卻沒辦法眞正選出需要的東西，結果落得又要重頭再來一次的下場，這樣才是多此一舉啊**。

如果書眞的太多，無法一次全都放在地上時，也可以大致按類型分類後再放在地上。書籍大致可分四類。

- 一般書籍（通俗讀物）
- 實用書（參考書・食譜等）
- 觀賞用（寫眞集等）
- 雜誌

按這樣的分類，一本一本拿在手上，判斷要留或要丟。基準當然就是「觸摸到時是否感到心動」。**這個動作是只要觸摸就好，絕對不要閱讀裡面的內容**。因爲讀了之後就不是心動與否的問題，而會不自覺考慮到是否需要，讓判斷變得遲鈍不靈敏。

請想像一下書架上只擺滿讓自己心動的書的樣子。光是想像就讓人陶醉不是嗎？對真正的愛書人而言，應該能夠感到無比幸福才是。

還沒看的書

覺得總有一天會讀，「那一天」永遠不會到來

談到沒辦法丟書的原因，榮登第一名的就是「說不定還會再看」。

那麼，請數一數過去你曾經重讀的愛書究竟有多少本？或許有人只有五本，或許也有強者有一百本。但是，會多到一百本以上的人，除了學者、作家這種特殊職業的人之外，像我一樣極其普通的一般人當中，實際上幾乎沒有吧？

換句話說，會重讀的書，其實是微乎其微。

在此，讓我們試著做一件事，那就是「思考這本書眞正肩負的任務」。原本書指的是在紙上印有文字，然後裝訂起來的東西。讓人閱讀上面的文字，獲得資訊，是

書原本的任務。書的意義在於寫在書上的資訊，而「書架上有書」這件事本身毫無意義。

換言之，我們讀書，是在追求閱讀的經驗。

讀過一次的書，就是「已經體驗過了」。就算沒有牢記內容，全部的內容應該已經都進入你的內在。

因此，整理書的時候，請完全不需要考慮會不會再讀、是不是已經記住，只需要一本一本拿在手上，用是否感到心動來判斷即可。只需要留下拿在手裡會真的令你感到心動，光是看到它擺在架上就會覺得「有這本書在這眞幸福！」的書就好。

當然，我寫的這本書也不例外。如果你拿在手上時不覺得心動，請不要猶豫，馬上丟掉。

那麼，如果是讀到一半、還沒讀完的書呢？或是已經買了但還沒開始看的書呢？這類「打算將來有一天會看」而還沒看的書該怎麼辦才好呢？

最近，不知道是不是因爲在網路上買書變得很方便，一個人平均擁有的未讀書量有急遽增加的傾向。三本算是少的，多的人或許高達四十本以上。之前買的書都還沒看，又買了新的，結果不知不覺中就累積了很多還沒看的書。

而且，比「已經讀過一次的書」更麻煩的就是，這種還沒讀的書往往更難以丟棄。

以前，我曾經指導一位社長整理書桌周邊的環境。眞不愧是社長，他的書架上滿滿都是看起來很艱澀的商業書籍。從卡內基、杜拉克到最新的暢銷書，收藏完整豐富，儼然就是一個小型書店。但因爲排列得太過整齊，彷彿陳列商品一般，反而讓我有一種不祥的預感。

等到要開始整理書的時候，「這個還沒看」「這個也還沒看」，他開始不斷地在未讀書的區域裡堆起了一本又一本的書。結束之後，還沒讀的書居然高達五十本。書架上的陣容幾乎沒有減少。**問他沒辦法丟的原因，結果就和我「整理預設問題集」裡的基本答案如出一轍——「我覺得有一天會想讀」**。

包括我自己的經驗在內，雖然有點不好意思，但我仍必須斷言，那個「有一天」永遠都不會來。

即使是別人推薦的書，或是一直想看的書，只要錯過了閱讀的機會，就趁此時徹底地放棄吧！或許買的時候你的確想看，但到頭來這種書的任務就是告訴我們，這本書並沒有讀的必要。**讀到一半的書也不需要讀完，因爲這種書的任務就是讀到一半。**

所以，還沒看的書要全部丟掉。比起好幾年都束之高閣沒有看的書，讀那些現在就是想讀的書，一定比較好。

最常見的未讀書就是英語學習書和考試用書。

擁有很多書的人，一定都是求知若渴、熱衷學習。因此，在客戶的書架上看到參考書或學習用書一字排開的景象，就一點也不足爲奇了。

英語學習書包括多益的參考書、出國旅行能派上用場的英語會話書，以及商業英語等書籍。考試用書則是種類繁多，從簿記、宅建[2]、秘書檢定等常見的考試，到芳療、色彩等……讓人不禁佩服「原來有這種考試啊！」的書也屢見不鮮。除此之外，學生時代的教科書、硬筆字的練習簿等也是很常見的一種。

因此，如果你擁有這些發現率非常高的學習書籍，覺得「有一天會讀」，建議你現在馬上就丟掉。

因爲，多數人實際上都沒有在使用這些學習用書。說到實踐率，就我的客戶來說，竟然不到百分之十五。所以幾乎所有的人都一樣，書買是買了，卻沒有活用。儘管如此，問他們爲什麼沒辦法丟，回答都是「我覺得將來有一天會想學」「我想如果有時間的話就要來看」「我覺得要學英文比較好」「因爲我是會計，所以覺得要學一下簿記」，全都是「我覺得」的大集合。

光是「我覺得」卻沒有看的書，請絕對要丟掉。

唯有把書丟了之後，才會明白自己對這項學問的熱忱。如果丟了之後什麼都沒有改變，那就到此爲止吧！如果是丟了之後還會想再買的書，下次再買來讀就好。

應該留下的書

「進入名人堂」的書，毫不猶豫地留在身邊吧！

雖然我現在終於能把身邊的書經常保持在三十本左右，但以前我本來也是唯獨書就是沒有辦法丟的人。

雖然我喜歡看書，但在實踐「心動選擇法」之後，留在書架上的書約減爲一百本左右。即使維持這個數量，比起平均值也絕不算多，但我就是覺得應該再減少一些，於是某天我再次仔細地觀察書架上的書。

首先是絕不可能丟棄、毫不猶豫就能斷言「我好心動！」的書。就我個人來說，第一名就是《愛麗絲夢遊仙境》，這是我自小學一年級開始就不曾變心的最愛，它可說是我的聖經。這種所謂已經「進入名人堂」的書很容易判斷，當然可以毫不猶豫地留下來。

接著是不到「進入名人堂」的水準，但仍讓人心動的書。這類書會隨著年紀汰換，但是現在讓你絕對想要放在手邊的書。雖然我現在已經沒有留在身邊，但讓我對整理有所頓悟的《丟棄的藝術》剛好就是這種等級的書。這類書在還覺得心動的時候也都可以留在身邊。

最麻煩的是，心動程度處於中間等級的書。看過一次覺得有趣，要說觸摸時是否心動？好像也沒有，但裡面到處都是引發共鳴的字句，或許還會想要再看一次……於是不知不覺中就沒辦法丟的書。雖然沒有一定得丟掉的義務，但想要鑽研整理之道的我，對於這種心動度不上不下的書，當然不能漫不經心地當作視若無睹。我一直在思考，這類書難道沒有能夠毫不留戀就放手的方法嗎？

於是，我展開了「減少書籍體積整理法」。與其說是想留下這些書的整體，還不如說是只想留下部分的資訊或讓人驚豔的語句。所以我當時的想法是，那只把需要的地方留下，其他丟掉，應該就沒問題了。

於是，我把感到共鳴的詞句與文章抄在筆記本裡，做成了一本原創筆記。當時我覺得這樣的作法持續下去，就會變成一本只屬於自己的精選名言集，往後回顧時可以摸索出自己興趣的軌跡，或許也很有趣。心想這眞是一個好主意，隨即興奮地打開自己喜歡的筆記本，趕緊開始製作。先把自己特別有感觸的地方畫線，然後在筆記本上寫下書名與內容。

但才一開始，我就覺得麻煩了。因爲如果是單字就算了，抄寫文章眞的很花時間。而且想到以後來還會再看，就覺得字一定要寫得漂亮才行。一本書裡如果有十處喜歡的文章，抄寫起來估計至少也要三十分鐘。想到這種書約有四十本左右時，我開始有點輕微的暈眩。

因此，我接下來嘗試影印，把寫有自己喜歡詞句的那一頁影印下來，就能瞬間擷取出名言。接著再把影印好的頁面貼在筆記本，就大功告成。不過實際執行時，連這樣的動作都讓人覺得麻煩。

最後我決定把喜歡的那一頁直接撕下，這次甚至連貼到筆記本上都嫌麻煩，於是乾脆簡化步驟，直接把撕下的頁面收在文件夾裡。這樣一本書花不到五分鐘就能解決。順利處理完四十本書時，喜歡的詞句也都確實保留了下來，結果令我非常滿意。

不過，實行「減少書籍體積整理法」整整兩年之後，我突然發現一件事。那就是，結果我根本從來都不曾再看過那個文件夾。換句話說，我所做的一切不過是自我安慰而已。

還有，這是我最近的感覺，那就是手邊不存放過多的資訊時，對資訊的敏感度反而會提高。也就是說，會更容易發現對自己而言必要的資訊。這也是客戶和我分享的經驗，尤其是那些丟掉了大量書籍和文件的客戶。

時效是書籍最重要的元素，與它相遇時就是該讀它的「時機」。爲了不錯過這一個瞬間，建議不要在手邊囤積過多書籍。

文件整理

「把文件全部丟掉」也沒問題

書籍整理完畢之後，接下來就是文件的整理。

譬如，掛在牆上口袋型收納袋中爆滿的信件，冰箱上用磁鐵貼住的小孩的學校通知單，靠在電話旁邊沒有回信的同學會回函，放在桌上好幾天份的報紙。家中總在不知不覺之間就累積了很多文件，形成好多個被風一吹就會如雪片般滿天飛的紙堆。

雖然一般人都覺得，家庭中的文件絕對比辦公室少，但其實不然。整理之後，從家裡整理出來的紙量，至少也有整整兩袋四十五公升垃圾袋，到目前爲止的最高紀錄是十五袋。家用碎紙機卡紙時嘎嘎嘎的聲音，我已經聽了不下幾十次。

要管理這麼大量的文件，一定非常困難，不過我偶爾還是會碰到非常擅於管理文件的人，讓我不禁肅然起敬。因爲當我問：「目前如何管理這些文件？」對方甚至能夠做出完美的說明。

「關於小孩的文件在這個文件夾，這個則是食譜的文件夾。雜誌的剪報在這裡，電器的說明書則在這個盒子裡……」

分類之詳細，甚至讓人聽到一半就會走神。

老實說，我最討厭做文件分類了。我不會用很多文件夾，或是認眞地用標籤來分類。因爲我覺得，如果是辦公室裡很多人共用的東西還說得過去，但平常在家裡使用的文件，根本沒有規規矩矩分類的必要。

從結論上來說，整理文件的基本原則就是「全部丟掉」。

我這麼說，或許很多人都會一臉錯愕。但這世上眞的沒有比文件更麻煩的東西了，因爲就算你小心翼翼地保管，也完全不令人心動，不是嗎？

所以，除了「現在正在使用」「近期內都會需要」「需要一直保管」的文件之外，不符合這三項條件的就全部丟掉吧！

順帶一提，這裡所說的「文件」，不包含以前收到的情書或日記等。一旦碰到這些「紀念品類」的東西，文件整理的速度就會驟降，這是顯而易見的結果。因此，首先只需集中在與心動完全無關的文件，一口氣整理起來。朋友或情人寄來的信件則視爲「紀念品」來處理，請先不要整理。

在一口氣整理完這些與心動無關的文件後，剩下的文件該怎麼辦呢？

我的文件整理法非常單純，只分爲兩大類。不是保存，就是待辦。文件基本上是全部丟掉，但硬是要留在手邊的話，就按這兩項來分類。

首先是待辦。顧名思義，這類文件是自己必須處理的文件。譬如必須回覆的信件、預計提交的報告、打算閱讀的報紙等，都屬於這個類別。**不妨做一個用來裝這類**

文件的「待辦專區」吧！重點是這個專區只能有一個，而且絕對不能分散各處。我推薦的方法是，用一個可以把文件直立放入的直立型收納盒來當待辦區。把待辦文件全都放進這個盒子裡，不需分類。

至於保存的文件，則按使用頻率再分成兩類。但不做複雜的分類，一種是使用頻率低的文件，換句話說就是契約相關文件，除此之外就是使用頻率高的文件。

契約相關文件單純就是指保單、保證書或租賃契約等。雖然很不甘心，但唯獨這些文件，就算不心動也必須自動保管起來。由於幾乎沒有什麼機會會自己拿出來用，所以這類文件在保管上也最可以偷懶。我建議的收納方法，就是不用想太多，用最普通的L型資料夾收在一起就好。

最後就是使用頻率高的保存文件，換句話說就是非契約類、但仍保管起來的文件。譬如雜誌剪報、研討會的摘要等，自己會時常想要拿出來看的文件，就歸入這一類。因爲這一類文件若無法整理成像書籍一樣容易閱讀，就會失去保存的意義，所以適合用資料簿來收納。其實這類文件最不可掉以輕心，因爲明明是沒有也無所謂的東西，但就是容易在不知不覺間增加。整理文件的關鍵，可說就取決於如何減少這一類的文件。

總結來說，文件分爲待辦、保存（契約書）、保存（契約書之外）三種。重點就在於，每一類都要分別用一個盒子或資料夾統一收納，而刻意不按文件的內容來分類。換言之，可以使用的盒子或資料夾最多只有三個。

千萬不可以忘記的是，這個待辦的收納盒基本上是以「清空爲前提」。

換句話說，請你了解，若待辦收納盒裡還留有東西，就意味著你的人生中還有尚未完成的待辦事項。請以維持空盒狀態爲目標。話雖如此，我自己家裡的待辦收納盒也不曾清空啊……

各種文件

麻煩的文件這樣整理

文件的基本原則雖然是「全部丟掉」，但任誰都有難以丟掉的文件。在此，讓我們一起來思考一下棘手文件的攻略法。

◆研討會資料

熱衷學習的人，應該都參加過研討會，例如芳療講座、邏輯思考講座、行銷講座、教育訓練講座……等。最近「朝活」[3]蔚為風潮，所以很多研討會都在早晨舉行，時間或內容的範圍也都愈來愈廣泛，選擇豐富多元。講師努力製作的課程綱要，就好像是學習的勳章，的確不容易丟掉。但愈是熱衷學習者的房間，相當大部分的空間就容易被這類文件占領，散發出一種難以言喻的壓迫感。

M小姐（三十多歲）在廣告公司工作，走進她房間的瞬間，就會陷入一種身處辦公室的錯覺。映入眼簾的是滿滿一整排的資料簿。「這全是去參加講座時的講義。」M小姐是公認的講座迷，她將參加過講座的資料全都歸檔保存起來。

「有一天想再拿出來讀。」這也是經常聽到的說法。但眞的有人再拿出來讀嗎？沒錯，大多數人都沒有。

這也是在住家最常發現的物品之一，擁有大量基本上同一類講座資料的案例非常多，原因不外乎就是並沒有眞的掌握住講座內容。

與其說這樣的現象不好，倒不如說這代表過去的資料從來都沒有再拿出來重讀。說實話，講座如果無法學以致用，是毫無意義的。聽講的瞬間就是價値所在，而上完課後是否能實踐則是關鍵。講座的授課內容，其實可以從書籍或任何地方讀到，那爲什麼要花大錢去參加研討會？就是要去感受現場的氣氛和講師的熱忱等。換句話說，眞正的講座資料就是講座本身，是活生生的。

參加講座前，請先有心理準備，在研討會上發的資料全部都要丟掉。如果丟掉之後覺得可惜，再去參加一次同樣的講座就好。還有一點，要馬上付諸行動。

反過來說，我認爲人們就是因爲手邊隨時都有資料，所以才不付諸行動。

順帶一提，過去的最高紀錄是，發現足足多達一百九十次講座的資料。不用說，我當然也請這位客戶把所有的講座資料文件「全部丟掉」。

◆信用卡消費明細

信用卡消費明細也請全部丟掉。話說回來，信用卡消費明細的目的到底是什麼？對大多數人而言，這只是爲了通知你「這個月用了那麼多錢喔！」的通知書而已。

「啊！這樣啊！用了那麼多啊！」經確認、了解，記錄在家計簿上後，就應該馬上丟掉。因爲它的任務已經完成，光明正大地丟掉也不要緊。

再說，到底什麼時候會對沒有信用卡消費明細深感困擾呢？或許在信用卡自動扣款相關的訴訟上，會需要消費明細作爲證據，但這種事基本上不可能發生。實在沒有必要爲了這種不可能發生的事，小心翼翼地保管著信用卡的消費明細。水電、瓦斯等銀行帳戶自動扣款通知書也一樣。請狠下心把這些文件都丟掉吧！

話說回來，在我過去的客戶中，最難丟文件的，應該就是夫妻兩人都是律師的客戶了。「如果訴訟時需要這份文件，那該怎麼辦？」因爲擔心這樣的問題，所以實在很難請他們把文件減量。不過，即使是以訴訟爲生的這對夫妻，我最後還是讓他們把幾乎所有的文件都丟了。所以把信用卡的消費明細丟掉，也完全沒有問題。

◆電器產品等的保證書

電視、數位相機等電器製品都一定附有保證書。正因爲這是家庭文件的最基本類型，所以大多數人都會把這類文件確實集中在一起保管。但遺憾的是……大多數人的這種作法就是差了那麼一點點。

最常見的作法，就是用資料簿或風琴夾來保管收藏。這兩種資料夾的魅力，就在於能夠依電氣製品的種類做詳細的分類。但這種方法其實有一個陷阱，那就是分類分得太細，以致於常常有所疏漏。

如果使用這類資料夾來保管，應該都會把產品說明書和保證書放在一起。首先，大前提是把這些說明書都丟掉。重新檢視時不難發現，這些東西幾乎都不曾使用。基本上，需要詳讀說明書的電器製品，如數位相機或電腦等，說明書都很厚，所以一開始就不會收到資料夾裡。換句話說，現在資料夾裡的說明書就算丟掉都不要緊。

我也會請我的客戶把說明書類的東西都丟掉（無論是數位相機或電腦），大家一致反應「完全不造成困擾」。就算發生什麼問題，大家都會自己設法修理，最後通常也都修得好，束手無策時只要去問當初購買的店家或上網查詢，都沒有解決不了的問題，所以大可放心。

回到保證書的話題，我最推薦的管理法，就是不分類、全部一起收進普通的L型資料夾裡。

說穿了，一般人一年也用不到一次保證書，這種使用機率和中樂透一樣低的文件，眞的有必要一份一份細心周到地分類保管嗎？再說，萬一眞的要用時，資料夾也沒有貼上標籤，還是得一頁一頁翻著找，對吧？所以不如全都放進一個L型資料夾，要找的時候全部拿出來找，兩種方法所花費的精力和時間幾乎相同。

此外，保證書如果分類分得太細，瀏覽到每一份的機會減少，一不留意很容易就累積一大堆已經過期的保證書。所以若全部都放在同一個資料夾，當需要其中一份時，只要一份一份地找，自然就會發現「啊！這個已經過期了」，就能自動檢查到所有保證書。

這樣的作法可以省去定期檢查內容的麻煩手續，而且L型資料夾是每個家庭裡的必備物品，所以也不需要特地去買。再說，使用空間也只有過去的十分之一以下，好處說也說不完。

◆賀年卡

賀年卡的任務就是「今年也請多多指教」的新年問候。換句話說，在新年收到賀年卡的那一瞬間，它的任務就已經結束。等抽獎號碼④確認完畢後，「謝謝您今年也想到我」，心中對寄件者表達感謝之意後，丟掉也沒關係。若想留下來作通訊錄，那只要留下其中一年的賀年卡即可。第二年之後的賀年卡，除了讓你心動的之外，趕緊全都丟掉。

◆已經用完的存摺

已經用完的存摺就是用完了，不會再反覆拿起來看，就算反覆看，存款也不會變多，所以乾脆地丟掉吧！

◆薪資明細表

薪資明細的任務，就是用來通知你：「這個月公司付給你這麼多錢喔！」收到之後，確認完內容的瞬間，任務就已結束。

小東西

只留下「心動的」，而不是留下「可能會用到的」

打開抽屜時，裡頭有個不可思議的小盒子。

這一切彷彿就是有什麼動人故事即將展開，讓人怦然心動的情境，但我一點也不心動，因爲我大概能夠猜出裡頭裝的東西是什麼。

打開盒蓋後看到的是零錢、髮夾、橡皮擦、衣服的備用鈕扣、調整手錶時出現的金屬零件、不知道到底用完了沒的電池、剩下的醫院處方藥、舊的護身符、鑰匙圈等。問客戶爲什麼會擺在這裡，答案通常都是「不知道爲什麼」。

沒錯，小東西通常就是「不知道爲什麼就放在那裡，不知道爲什麼就被收起來，不知道爲什麼就愈積愈多的東西」。仔細想想，「小東西」這個單字也很模稜兩可，我重新查閱字典，才知道它的意思是：「零碎的東西。小型道具類或附屬品等。無名小卒。小魚。」（出自《大辭泉》）不難發現「小東西」連在字典裡也都遭到「不知道爲什麼」的莫名對待。

不過，該和這種「不知道爲什麼」的生活訣別了吧。小東西也是支持你生活的重要部分，所以也應該一個一個拿在手裡觸摸之後，再好好地整理起來。非衣服也非書籍的「小東西」，的確種類繁多、看似複雜，但只要按順序整理，就非常簡單。將小東西類大致分類後，基本整理順序如下：

- CD·DVD類
- 保養品
- 化妝品
- 飾品
- 貴重物品（印章、存摺、卡片類）
- 機械類（數位相機、電源線等「有電器味道的物品」）
- 生活用具（文具、縫紉工具等）
- 生活用品（藥品、洗衣粉、面紙等消耗品）
- 廚房用品、食品

• 其他

此外，有關個人嗜好的東西，譬如雪具或茶具等，也請另外歸成一類一起整理。之所以要按照這個順序，是因爲在家庭中，從比較個人的物品且比較明確的類別開始整理，會比較輕鬆。因此獨居的人就不必介意順序，只要將每一類分開整理即可。

話雖如此，我最想說的是，**大多數人的生活都被過多「不知道爲什麼擁有的小東西」所包圍**。所以首先請先認識、掌握目前所擁有的「不知道爲什麼有的東西」，然後徹底執行只「留下心動物品」的原則。

零錢

趕快拯救四散的零錢吧！

包包的底部有一塊錢、抽屜的深處有十塊錢、桌上有五十塊錢……在你家裡，是否像這樣總是隨處可見零錢呢？

在整理客戶的住家時，可說必定會發現的零錢，正是「莫名小東西」的代表。從玄關、廚房、客廳、浴室……家中隨處的家具或抽屜裡，都會發現它們的存在。

零錢一樣是錢，但你不覺得與鈔票相比，它們總是受到很糟糕的對待嗎？再說，奇怪的是，家裡根本就沒有需要零錢的場合，卻到處都會發現零錢。

在家中發現零錢時，我所採取的處置就是「立即送進錢包」，絕對不會放進存錢筒。零錢這種東西實在也沒有必要集中在一個地方，所以發現時立刻放進錢包裡才是正確答案。因爲若把零錢放進存錢筒裡，只不過是把零錢換一個地方放而已。

尤其是長年都住在同一個屋子裡的人，經常會出現一種狀況，就是毫無目標地持續把零錢存起來，但卻從未見過眞正去銀行換錢的例子。「不知不覺存下來，沒想到還滿多的，有點開心耶！」如果你是基於這種目的存下零錢，現在正是去換錢的大好時機。

因爲當存錢筒眞的裝滿時，累積的零錢其實相當沉重，而且會愈來愈覺得拿去銀行換錢實在很麻煩。於是不知爲何，下次就開始把零錢囤積在塑膠袋裡，然後幾年之後才在櫃子深處發現。事隔多年後，檢查袋子裡的零錢，才發現全都變成綠色或黑色，原本鏘鏘作響的敲擊聲也變得沉悶，混合了鐵質與黴菌的味道還飄散在周圍的空氣中。落到這步田地時，甚至會讓人想裝作沒看見。零錢作爲錢的尊嚴已經完全崩潰，我連寫出來都覺得難受，何況實際看到時，更是令人心痛。

今後請以「看到零錢，就放進錢包！」爲口號，把家中正在哭泣的「莫名零錢」都拯救出來吧！

插播一下題外話，關於零錢的放置方法，其實男女有別。男性除了直接放進口袋外，就是會放在架上或桌上等相對顯眼的地方。而女性通常會放進盒子裡，或是裝滿一袋後再放進抽屜裡，傾向於把東西收起來。

男性的本能，就是對於來自外在的攻擊行動，能夠馬上做出反應，而女性的本能則是保衛家園。沒想到這種差異也會反應在零錢的放置方法上，DNA眞的是非常不可思議……我一邊深切地感受這些生命的奧妙，也一邊繼續施展我的整理魔法。

種種小東西

莫名其妙的東西，全部退散！

心動？不心動？其實根本不用多想，一發現時馬上就會丟掉的東西，是出乎意料地多。在整理時，學習捨棄原本丟不掉的東西當然很重要，但同樣重要的是，是否能發現自己擁有多少莫名留在身邊的東西。聽起來很不可思議，但事實上，很多人對於自己擁有許多「莫名小東西」這件事，根本就沒有自覺。

◆禮物類

放在廚房櫥櫃最上層的結婚回禮餐具、收在書桌抽屜裡的旅行紀念品鑰匙圈、同事送的生日禮物、會散發出不可思議香氣的線香組。

這些物品的共通點，當然就是它們都是禮物，都是重要的人花時間爲自己挑選、購買，蘊含對方心意的禮物，當然沒辦法輕易丟掉。

但是，請重新回想一下。這些禮物大概都還裝在盒子裡，完全未開封，要不就是只用過一次而已，不是嗎？總之，請老實承認這些禮物並不符合你的品味吧。

各位覺得禮物眞正的任務是什麼呢？

那就是「接受」。

送禮物，與其說送的是禮物本身，更重要的是傳遞心意。

因此，對這些禮物說聲「謝謝你讓我在收到的那一刻感到心動」後，就可以丟掉了。

當然最理想的狀態是，你能打從心底感到歡喜地使用收到的東西。但是，心不甘情不願地使用自己不喜歡的東西，或是完全不用就直接收起來，但每次看到時都覺得難受，這些狀況應該都不是送禮的人樂意見到的。

爲了送禮人著想，請務必把它們丟掉。

◆購買手機時的整組包裝盒

首先，盒子本身格外地占地方。所以買回來之後請馬上丟掉。說明書也不需要，用了之後自然就學會必要的功能，所以一點也不要緊。連附帶的CD，我也都請客戶全部丟掉，至今都不曾出過什麼問題。如果發生什麼問題，就去問手機店的店員，什麼都可以問。**與其自己找說明書埋頭思考，不如直接問專家，反而在轉眼間就能解決問題。**

◆用途不詳的電線

當你看到時會心想「這是什麼的電線啊？」的東西，恐怕一輩子都不會用到。**莫名其妙的電線類，就永遠都一樣會是個謎。**「但是有什麼東西壞掉時，說不定會用到……」根本不必擔心這個問題。為什麼我會這麼說呢？因為這一路走來，我真的目睹許多家庭都擁有好幾條同樣的電線。

因為有太多的電線，所以實際上發生什麼問題要從中選擇時，反而變得麻煩，最後直接買新的，還比較快解決問題。因此趁現在整理時，只留下自己確實能夠掌握用途的電線，莫名其妙的電線就丟了吧！相信裡面應該混雜了很多早就壞掉不能用、連機器本身都已經不存在的電線吧。

◆衣服的備用鈕扣

不會用到。如果這件衣服是你愛穿到連扣子都掉了，根據幾乎所有案例顯示，當扣子掉時，就是它的壽終正寢的時候了。不過，像夾克、大衣等你特別想要長久珍藏的衣服，不妨在購買的時候就把備用鈕扣縫在內側。

當扣子掉了，而你無論如何都想縫上一顆新鈕扣時，到稍微大型一點的手工藝材料行去找即可，一般常用的鈕扣都很齊全，所以不用擔心。但是，就我在現場看到的感覺來說，就算有備用鈕扣，很多人就算扣子掉了也都照舊穿著衣服，也有很多人嘴上說「有空時想要縫上新扣子」，然後就一直沒縫上的。不管是留著或是丟掉，兩者到頭來都沒用，這一點是一模一樣啊！

◆電器產品的外盒

很多人保留外盒的理由是：「要賣的時候，附外盒可以賣比較好的價錢。」說實話，這種想法其實很吃虧。將箱子留下，把重要的空間用來當倉庫，房租反而更不划算。如果你怕搬家時沒有箱子會不方便，這也不必擔心，因爲等到眞的要搬家時，再來想箱子的問題就好了。爲了不知何時才會遇到的狀況而占去空間，而且擺的還是一點都不可愛的箱子，你不覺得這才浪費嗎？

◆壞掉的電視或收音機

我曾經多次目睹有些客戶不知道爲何把壞掉的電器放著不處理。不用說，擁有這些東西的必要性是零。趁著這個節慶大整理的機會，趕快打電話給回收大型廢棄物的相關單位，請他們協助處理吧。

◆「永遠不會來的客人」專用棉被

墊被、棉被、枕頭、毛毯、床單……一整組寢具，其實比想像的還占位置。如果確定客人定期會來的話也罷，但若是一年最多只有來一、兩次，實在不需爲他們準備專用的寢具。這也是我在課上請客戶丟掉物品中，最具代表性的東西之一，丟掉後似乎都沒什麼問題。如果無論如何都需要時，也可以用租的，所以建議有效運用這類的資源。

實際上，久久才拿出來一次的寢具，往往已經滿是霉味，也無法給客人用了。下次不妨聞一聞家裡備用寢具的味道吧！

◆留作旅行時用的化妝品試用包

你家裡有沒有不知道爲什麼就放了一年以上都沒用的化妝品試用包？其中應該也有些眞的要去旅行卻不會選來用的東西吧！我詢問廠商後發現，化妝品試用包的使用期限不一，有的是兩個星期，有的則是一年。但由於樣品的分量較少，所以品質的惡化應該比一般容量來得快才是。難得開心出遊，還得提心吊膽地用可能過期的化妝品，也未免太有冒險精神了吧！

◆因趕流行而購買，但束之高閣的健康產品

減肥用的彈力帶、優格菌種專用的玻璃瓶、可以搾豆漿的果汁機、能夠體驗騎馬氣氛的減肥機器……在電視購物買回這類健康產品，不但價格昂貴，結果也都沒有充分運用，丟掉也實在太浪費。這樣的心情，我完全能夠感同身受。但是不要緊，像這類流行的東西，購買時的亢奮感覺比什麼都重要。只要對它們說聲「謝謝你帶給我買下瞬間的心動」「謝謝你讓我變得更健康了一點」，就丟掉吧！並誠心地相信你現在如此健康，都是拜當時買下那些健康商品之賜……

◆因為免費而不知不覺就收下的贈品

裝在寶特瓶上的清潔刷頭⑤、印有補習班名字的原子筆、在某活動上拿到的扇子、買飲料時送的吊飾、在超市店頭活動抽獎時抽到的塑膠杯組、印有啤酒品牌名的玻璃杯、印有藥品名稱的便利貼、只有五張的吸油面紙、過年去拜年時人家送的月曆（還一直都是捲筒狀，沒有打開過）或萬用手冊（過了半年都完全沒用）。

你當然不可能心動，對吧？請毫不猶豫地全部丟掉吧。

紀念品

千萬別把老家當作紀念品避難所

一路整理了衣服、書籍、小東西之後，最後終於到了紀念品類。

爲什麼紀念品要擺在最後？因爲紀念品往往最難判斷是否丟掉。**紀念品，顧名思義，就是充滿了許多紀念、回憶，「過去曾經心動的物品」。所以丟掉這些東西時，似乎就覺得連重要的回憶也都將遺忘。**

不過你不用擔心，眞正難忘的回憶，就算把紀念品丟了，也絕對不會忘記的。進一步來說，爲了今後的人生，把忘了也無所謂的往事趕快忘掉，不是更好嗎？

我們都活在「現在」。**不管「過去」多麼閃耀輝煌，人都無法活在「過去」，所以我認爲當下的心動才是更重要的事。**

因此，「紀念品」要丟要留的判斷基準，終究也還是要用自己的手觸摸後，捫心自問：「我現在心動嗎？」

讓我來告訴各位一位學員的故事。

A太太，三十歲，有兩個小孩，一家五口生活在一個屋簷下。在第二堂課拜訪她家時，家中的東西似乎明顯比前一次減少了許多。「A太太，妳很努力喔！東西大概少了三十袋左右吧？」我這麼一問，她滿臉笑容地回答我：「是啊！」

但她的下一句話，讓我以爲自己聽錯了。

「因爲想留下的紀念品，我幾乎都送回娘家了！」

這就是「送回老家整理法」。我在剛開始這個工作時，也曾經天眞地想過「有地方把東西送回去，是在地方城市有寬敞老家者的特權」。當時，我的客戶主要都是住在東京都內的單身女性或年輕媽媽，當她們問我：「可以把東西送回老家嗎？」我都很爽快地回答：「如果要送的話，現在馬上送回去喔！」

然而，後來因爲增加了不少來自地方城市的客戶，客戶的範圍擴大，當我終於明白所謂「老家」的實際狀態後，便開始反省自己這番輕率的發言。

我覺得有老家這個便利的倉庫，輕易地就能把東西送去，反而是種不幸。因爲即便老家在鄉下，有多出來的房間可用，但那也不是無限擴充的四次元口袋。

而且一旦將紀念品送回老家，應該就再也不會去拿回來了。**因爲，一旦送回老家之後，那個紙箱的封箱膠帶就再也不會打開了。**

其實，前面提到A太太的案例，後來她娘家的母親也來上我的課。換句話說，爲了讓A太太的母親順利畢業，就無法忽視她送回娘家的行李。當我造訪她的娘家時，這才發現，原本是A太太房間的地方，除了一個書櫃和一個衣櫃，還有兩箱她留下來的東西，幾乎原封不動地保存下來。

A太太母親的要求是「想要擁有能夠放鬆的個人空間」。即使在A太太出嫁之後，母親所能擁有、稱得上是自己的空間，也僅有廚房而已。現在生活在老家的母親沒有屬於自己的空間，反倒是女兒不用的東西卻坐鎮家中，這不是很奇怪嗎？

終於，我連絡上了A太太。

「在娘家的行李整理完前，妳和媽媽都不能畢業。」

在A太太上最後一堂課的那天，她精神奕奕地對我說：「這樣，我的餘生也了無遺憾了！」看來她似乎也把自己放在娘家的行李整理好了。A太太重新檢查紙箱裡的東西，出現的是熱戀時的日記、和前男友的合照、大量的信件與賀年卡……

「結果到頭來，妳還是想把丟不掉的東西送回老家來掩人耳目。」

「重新檢視每一樣東西才發現，我眞的好認眞地活在過去每一個當下啊！在我對它們說『謝謝你們當初讓我如此心動』後，把東西丟掉的瞬間，我才第一次覺得終於能與自己的過去面對面了。」

沒錯。透過用手觸摸帶著回憶的物品，才能與過去面對面。若是一直放在衣櫃抽屜或紙箱裡，不管過了多久，都還是會被過去的回憶所牽制，而這些東西或許就會在不知不覺之間變成現在的「包袱」。

所謂的整理，就是整理每一個過去。整理紀念品，也可說是爲了人生重新出發、踏出下一步的「節慶整理的總結算」。

照片

比起收藏回憶，不如愛惜現在的自己！

在爲數眾多的「紀念品」中，最後要整理的就是照片。爲什麼照片要最後再整理，當然是有原因的。

如果到目前爲止都按照我所說順序丟東西，相信很多人已經發現，整理過程中，會在各處發現照片。譬如書架上書與書的夾縫中、書桌的抽屜裡、裝小東西的盒子裡，有的照片被收在相簿裡，有的單單一張裝在信封裡，有的還原封不動地裝在朋友幫你加洗時的透明袋子裡（幾乎所有人都直接這樣收起來）。令人不可置信地，照片就是會自各式各樣的地方有如湧泉般的出現。所以在整理其他東西的途中，先把照片集中在一處，最後再一起整理，效率絕對比較好。

把照片放在最後整理，還有另一個原因。

那就是，在尚未培養「觸摸後感覺心動與否」的判斷力的階段，一旦開始整理照

片，**就會停不下來，一發不可收拾**。

然而，在你經歷了衣服→書籍→文件→小東西→紀念品這個「正確的整理」順序後，就不擔心了。因爲你應該已經能夠正確做到「心動判斷法」，甚至連你自己都嚇一跳。

在眞正的意義上來說，整理照片的方法只有一個，不過會花上一點時間，請在採用這個方法前，先做好心理準備。

方法很簡單，就是一張一張地檢查不是收在相簿裡、呈零散狀態的照片。也就是說，要把所有的照片從相簿裡拿出來。

我這麼一說，就有人反應：「這麼麻煩的事，怎麼做得來啊！」但從眞正的意義上來說，這是沒有整理過照片的人才會說的話。照片本來的面貌，就是個別的瞬間，就是在那個時刻照下的這張照片。**所以最好一張一張仔細檢視。然後你就能親身體會到，心動的照片與不心動的照片竟是如此涇渭分明，連自己都驚訝不已**。

當然，只留下心動的照片就好。按照這個方法選擇的話，有時候一整天的旅程所拍的照片，最後只留下了五張。只要留下足以象徵那一天的五張照片，剩下的記憶就會歷歷在目。

眞正重要的照片，其實並沒有那麼多。旅行時拍下的、那種看不出來是在哪裡拍攝、「心動度零」的風景照，請全部丟掉吧！

照片如果在拍下瞬間能讓人感到興奮，那就有意義，很多列印出來的照片，本身的任務早已結束。

有人會說「留下照片可做爲晚年的樂趣」，然後就把大量未整理的照片直接收在紙箱裡。我敢斷言，那一天絕對不會來臨。

我會這麼肯定，其實是有根據的，因爲我曾經多次目睹從未整理的照片，在主人過世時還原封不動地裝在紙箱裡。我曾經問一個客戶：「這是裝什麼的紙箱？」他回答：「照片。」於是我說：「那得放在最後再整理呢！」他又回答：「不，那是已經過世祖父的東西。」

從事這份工作以來，這樣的對話已經不知經歷了多少次。**每當遇到這種狀況時，我都有一種無力的感覺。所以我認爲，絕對不能等到晚年再去整理過去的照片。**

如果你說這是晚年的樂趣，就請你現在馬上整理吧！比起老了之後還要移動沉甸甸的紙箱，現在就應該先把照片整理成到時可以馬上翻開瀏覽、回顧的狀態。

這些紙箱所占的空間，若在當事人還健在時，是可充分利用的空間，過去的每一

天不知該會有多麼豐富？每當我想到這時，就會覺得非常傷痛。

和照片一樣難丟掉的，就是**與小孩有關的紀念品**。寫著「爸爸，謝謝您」的父親節禮物、曾被貼在學校公布欄上的兒子的畫，女兒送的手工製煙灰缸。這些東西如果到了現在都還會令你心動，我覺得留下也沒關係。但如果只是覺得丟掉了對孩子很不好意思而留下來，就請問已經長大成人的孩子。他們的答案應該都是：「你還留著啊？趕快丟掉啦！」

除此之外，你還留著小時候的**聯絡簿或畢業證書**等嗎？

以前，我就曾經發現客戶還保留了自己**四十年前穿的水手服**，連我都不禁感動了起來，但這也該丟掉才是。

過去交往對象寫給你的信也請全部丟掉。信件最大的任務，發生在收到信的瞬間。再說，寄信的人或許已經忘了自己寫了什麼，甚至根本忘了自己曾經寄出這封信。過去交往對象送的首飾，如果你純粹對物品本身感到心動，留下也無妨，但如果是因爲忘不了對方而留下，就建議你丟掉。若不這麼做，你就會錯失新的機會。

透過與一件一件的物品面對面，整理告訴我們，重要的不是過去的回憶，而是經歷了過往而存在於當下的自己。

我相信，空間的使用不該是爲了過去的自己，而應該是爲了將來的自己。

現場直擊！驚異連連的各種「大量庫存」

在整理客戶家裡時會遭遇的驚嚇有兩種。分別是物品存在的本身令人驚訝的案例，以及物品數量令人驚訝的案例。

我每次都會遇到物品存在的本身令人驚訝的案例，沒有一次例外。譬如歌手使用的音樂器材、愛好烹飪者的最新炊具等，每每都讓我驚嘆：「原來有這種東西啊！」這才是眞正一連串「與未知的相遇」。不過，客戶有各式各樣的嗜好、興趣和職業，所以我會碰到從未見過的東西，也是理所當然。

但令人驚訝的是，一般家庭理所當然擁有的東西，卻發現了令人不可置信的數量，也就是大量庫存。

我在工作時，都會大略記錄客戶家裡有多少東西、減少了多少東西，其中「物品類別．庫存量排行榜」的紀錄屢創新高，是最受矚目的排行榜。

舉例來說，我曾在客戶家裡發現大量的牙刷。附帶一提，過去的最高紀錄是三十五支。當時，我雖然只說「這個存太多了吧！」就笑笑帶過，**但沒想到最後搜出的數量輕輕鬆鬆就刷新了之前的紀錄，共六十支**。被放在洗手台下方浴櫃收納盒中一字排開滿滿的牙刷，在某種意義上來說，簡直就是一種藝術。我看到如此壯觀的場面，竟不禁開始想像，這位客人該不是擁有某種如「筆壓」一般的驚人「牙刷壓」，所以瞬間就把牙刷消耗掉了，還是他每一顆牙齒都要用不一樣的牙刷來清潔呢……我竟如此嚴肅地爲他推測合理原因，這就是人有趣的地方。

除此之外，廚房一定會有的保鮮膜，庫存三十捲。打開流理台上方的櫃子，一整面有如樂高玩具般的鮮黃色。雖然客戶說：「保鮮膜每天都要用，消耗得很厲害啊！」但就算一星期用一捲，算下來也能撐上半年。一般尺寸的保鮮膜是一捲長二十公尺，爲了一星期用完一捲，若以直徑二十公分的盤子來計算，就算左右都預留較寬的長度來包裹，都必須用上六十六次才會用完。拉開、撕斷的作業多達六十六次，光是想像都覺得手腕要患肌腱炎了。

衛生紙的庫存紀錄是八十捲。雖然客戶說：「我的腸胃不太好，一下子就用完了啊！」但若一天用一捲，也能撐上將近三個月。就算一整天都在擦屁股，仍舊令人懷疑能否在三個月內用完。光是想到每天要拚了命地比賽，看是屁股先磨破呢？還是衛生紙先用完呢？就讓人覺得，與其傳授他整理的技術，還不如先送他一條軟膏吧！**公認最驚人的就是棉花棒的庫存，竟然高達兩萬支**。兩百支一盒的棉花棒，居然出現了一百盒。就算一天用一支，全部用完足足要花五十五年。到了這種地步，相信等到這位客戶把所有棉花棒用完時，或許已經發展出非常驚人的掏耳朵技巧吧！遙想用完最後一支的那天，圓滾滾的棉花彷彿就如僧侶的光頭一樣，散發莊嚴聖潔的光輝。

雖然聽起來就像在開玩笑一樣，但這些全都是事實。不可思議的是，幾乎所有的人都是在開始整理後，才發現自己囤積的庫存量那麼驚人。而且，儘管已經擁有這麼多，他們仍會感到不安，總覺得「不夠」「庫存沒了該怎麼辦」。

我認為所謂的庫存，並不是「如果擁有這樣的量就可以放心」的數量。相反地，擁有愈多，就會愈害怕庫存用罄，反而愈容易陷入不安。明明庫存還剩兩個，但卻又忍不住多買了五個……這種案例也是時有所聞。

如果是店舖也罷，一般家庭基本上並不會因為庫存用完而感到困擾。就算發生了，頂多也是「啊！傷腦筋啊！」的程度，絕對不會造成什麼無法挽回的遺憾。

因為整理才發現的大量庫存，該如何處理呢？反正終究都會用到，所以通常我只好請客戶照舊持續使用。但其實有時也是會發生因庫存過多，導致品質惡化，最後雖然覺得可惜也不得不丟掉的案例。

我最建議的作法是，把過多的庫存讓給別人、捐獻出去，或是拿到二手店去賣等，總之把它們處理掉。或許有人會覺得：「什麼？買都買了，這樣也太可惜了吧！」但試著讓自己變得無物一身輕，嘗試庫存減至最低限度的生活，才是迅速變身爲會整理之人的最短捷徑。

因爲體驗過一次沒有多餘庫存的生活後，那種解放的感覺會讓人上癮，最後完全都不想再囤積庫存。反而當庫存用完時，會開始思考若持續不買的話還能夠撐上多久，嘗試用別的東西代替或乾脆省略等，很多客戶的心聲是：「有一種動腦的樂趣，生活變得更愉快。」

重要的是，先正確掌握自己所持有的庫存量，再把它縮小到維持所需的最低限度。

擁有的東西會持續減少到剛剛好

按「物品類別」，以「正確的順序」，只留下「心動的東西」。這件事，要「一口氣」、在「短時間」內「徹底」完成。

如此一來，會有什麼結果呢？首先所有物的數量應該會銳減，然後最重要的是，應該能夠體驗到一種過去未曾感受過的爽快感覺，並建立起對今後人生的自信。

但話說回來，你知道自己所擁有物品的適切數量是多少嗎？

相信幾乎大部分的人都不知道，尤其生活在日本的人，從出生後開始就一直被賦予了超過適切數量的東西。恐怕有很多人根本就無法想像，自己究竟要擁有多少東西才能過舒適的生活。

當開始整理，東西持續減少後，發覺屬於自己適切數量的那一刻就會來臨。這是可以明確感覺到的一件事。在腦海中突然響起喀鏘一聲的同時，被「啊！原來我只要有這些東西，生活就完全不成問題啊！」或是「只要擁有這些就能幸福地生活啊！」這種感情包圍的瞬間就會來臨。

我稱這一刻爲「適切數量的轉捩點」。**不可思議的是，一旦通過了這個轉捩點，往後東西就絕對不會再增加，因此也絕對不會再次變亂**。

老實說，適切數量因人而異。有人很喜歡鞋子，所以擁有一百雙；有人則是只要有書就很幸福；也有人像我一樣，擁有很多家居服，遠超過外出服；更有人因爲在家都習慣光著身體，所以根本沒有家居服（這種人出乎意料地多）。

經過整理、物品減量之後，自己在生活中重視的是什麼，還有價值觀，都會變得一目了然。並非是要一味地追求物品減量、有效收納，而是要去嘗試用心動的感覺選擇物品，並學習用自己的基準享受生活。我認爲這就是整理的奧義。

如果你覺得自己還沒有遇到「適切數量的轉捩點」，就代表你還可以繼續減量。不妨抱著自信繼續減量吧！

相信心動的感覺，人生將會有戲劇性的變化

「請用觸摸到物品時的心動感覺來判斷。」

「若衣服掛在衣架上會顯得開心，就吊掛起來。」

「再怎麼丟也沒有關係，適切數量的轉捩點終會來臨。」

讀者讀到這裡，應該已經發現，我所傳授的整理法，就是以感情爲判斷基準。

不管是「用是否心動來判斷」，或是「適切數量會喀鏘一聲地出現，你自然會明白」，或許也有很多人會對於這種抽象的說法感到困惑。

過去大部分的整理法，都會明確指出「理想的數字」，如「**如果兩年沒用就丟掉**」「**適切數量是夾克七件、襯衫十件……**」「**買一樣東西，就請丟一樣東西！**」等。**但我認為這才是會反覆變亂的原因**。如果採用的是自動遵守他人提示基準的技能（know-how）型整理法，就算暫時變得整齊，但由於他人提示的基準並不符合自己內心覺得舒適的基準，所以最後又會恢復亂象。

人要被什麼樣的環境所環繞才會覺得幸福，只有當事人自己才能決定。擁有、選擇物品這個行為，是極為私人的行為。

如果不想再次變亂，就應該學習由你自己訂定基準的整理法。

正因為如此，對於每一樣物品，都認真面對「自己的感受」就成為非常重要的關鍵。

霸占著大量的東西不丟，並不代表就是愛惜物品。而且恰恰相反，透過減量到自己能夠確實掌握、面對的程度，物品與你的關係才會充滿生命力。

不會因為把東西丟掉，過去人生所經驗過的事實和自我認同就因此消失。唯有透過選出自己覺得心動的物品，我們才能明確地感受到自己究竟喜歡什麼、追求什麼。

藉由與每一項東西直接地面對面，物品會喚醒我們各式各樣的情感。此時所感受到的，就是眞正的情感。這份情感，將會轉化爲今後生活的能量。

是否覺得心動？請相信你捫心自問時的感情。

相信這份情感然後行動，許多事物就會開始串聯在一起，人生就會產生戲劇性的變化，甚至眞的令人無法置信。

就像是人生被施了魔法一般。

我相信，整理是讓人生怦然心動最棒的魔法。

注①手当て：來自日文中「手」與「当てる（蓋住、摀住）」這兩個單字，意指處置、治療。

注②宅建：「宅地建物取引主任者」的簡稱，是日本的一種國家認證資格，類似台灣的不動產經紀人執照。

注③朝活：是指利用上班前或假日早晨的時間，投入自我啓發、自我鍛鍊的活動，譬如讀書會、學習才藝或上健身房等。是繼「就職活動＝就活」「結婚活動＝婚活」等之後，以「〇活」

邏輯創造出的新詞，自二〇一〇年左右開始流行。

注④賀年卡抽獎號碼：由日本郵局所發行的賀年明信片上都會有抽獎號碼，並在年後進行抽獎，獎品有家電、國內旅遊等。

注⑤裝在寶特瓶上的各式刷頭，在寶特瓶裝滿水後，就可以用來打掃窗框等縫隙，或是水管延伸不到的地方。

第 4 章

讓人生閃閃發亮的「心動收納課」

決定家中「所有物品的定位」

我每天工作結束回到家後，例行公事大致如下：

用鑰匙打開門後，先對屋子裡喊一聲：「我回來了！」對著擺在玄關、昨天穿過之後放了一天的鞋子說聲：「昨天辛苦你了！」再收進鞋櫃。把鞋子脫掉、擺整齊後，先到廚房把水壺放上瓦斯爐、點火。進臥室，把包包輕輕地放在軟綿綿的羊毛毯上，就換上家居服。將今天穿過的夾克和洋裝掛上衣架，慰勞一聲：「你們今天也好認眞工作呢！」然後把它們掛在衣櫃的把手上（暫掛剛穿過衣服的地方），褲襪就丟到衣櫃右下方的「洗衣籃」裡。從抽屜裡選出一套符合今天心情的家居服換上，也對窗邊高度約到腰際的盆栽說聲：「我回來了！」並撫摸一下葉子。

隨後把包包裡的東西全部拿出來，排列在地毯上，再把它們分別收回各自的固定位置。首先把收據、發票從皮夾裡拿出來，懷著感謝之意對皮夾說：「辛苦你了！」然後收回到床底下抽屜裡的「錢包專用盒」。再把定期車票夾和名片夾放回「錢包專用盒」旁邊。從手上拿下的手錶和家裡鑰匙，收回在同一個抽屜裡的粉紅色古董置物盒，把耳環和項鍊放回旁邊飾品專用的托盤，並對它們說：「謝謝你們今天也那麼支持我。」

接著走向玄關的書櫃（我把鞋櫃的其中一層當書櫃使用），將隨身攜帶的書和筆記本放回架上，再把剛剛從錢包裡拿出來的收據、發票，收進放在下一層的「收據專用小包」，還有把工作用的數位相機放在旁邊的「電器產品專區」。處理完的文件丟到設在廚房瓦斯爐下的垃圾桶，一邊瀏覽今天收到的信件，一邊開始泡茶（讀完的信件立即丟進垃圾桶）。

回到臥室後，把清空的包包收進防塵袋後，放回衣櫃上層，對它說聲：「今天也很努力喔！晚安！」最後關上衣櫃的門。回家進門之後到此爲止，共花了五分鐘。完成這一連串的動作後，就喝著剛泡好的茶，喘口氣稍事休息，這就是我每天的例行公事。

我並不是要炫耀自己在家也有優雅的飲茶時間，而是想告訴各位：只要決定了所有東西的定位，就算回到家已經筋疲力盡，也能不假思索地把房間整理好，每天就能擁有更多開心生活的時間。

決定物品定位時的重點就是，「毫無遺漏地決定」所有東西的定位。

「毫無遺漏啊，感覺永遠都不會結束……」或許也有人聽了就快昏倒了，但不用擔心。的確，決定所有物品的定位，乍看之下似乎有點複雜，但絕沒這回事（冷靜思考就會知道，這比選擇物品來得簡單）。如果所有東西已經按物品類別一口氣選擇該丟該留之後，最後這些東西因爲都屬於同一類別，所以只要把一口氣選擇留下的東西，收納在鄰近的地方即可。

爲什麼所有的物品都應該決定定位，那是因爲若有任何一個東西流離失所時，房間變亂的可能性就會增加。

譬如房間裡有個空空如也的層架，有一個流離失所的東西，隨手就被放在上面。這個東西正是最大的致命傷，**因爲「流離失所的它」會顯得不安，而其他東西就會前來安慰。讓過去維持著緊張感覺、乾淨整齊的空間，彷彿被施予「全員集合」的號令般，東西就會瞬間變多。**

所以，只要決定一次就好。決定所有物品定位的效果，不但無謂的購物行爲和過度的庫存會減少，東西也不會再增加。

換言之，就是要把自己所擁有的所有東西，毫不遺漏地一一決定它們的定位。

其實，這才是所謂收納的本質。**如果忽視這項本質，就投入充斥於街頭巷尾的收納技巧，最後等待著你的，將會是讓人完全笑不出來的結果，那就是順利創造出一個塞滿大量毫不心動物品的小倉庫。**

無論怎麼整理都還是會又變亂的重大原因，就在於一開始沒有明確決定物品的定位。反過來說，只要決定了所有物品的定位，用完之後只要放回原位，就能夠維持房子整理過後的整齊模樣。

再說，如果沒有定位，那究竟該收回哪裡才好？

決定定位，使用過後收回原位。

這才是思考收納時最重要的大前提。

切忌在丟東西前，就投向「收納絕招」的懷抱

我在整理講座上向參加者展示客戶房間「整理前&後」的照片時，所有人都非常驚訝。

最常出現的感想就是：「房間裡什麼都沒有耶！」沒錯，**因爲多數整理過後的房間，除了地板上什麼都沒有之外，視線範圍之內也空無一物**。換句話說，就是連書櫃都不見了。那麼書是不是全部都丟掉了呢？其實也沒有，只是把書櫃放進衣櫃或壁櫥裡罷了。

把書櫃放進衣櫃裡的收納法，可以說是我最經典的招數。不過，應該有百分之九十九的人都會覺得，衣櫃現在就已經爆滿了，怎麼還有可能把書櫃放進去？

不過，就是能夠輕輕鬆鬆地放進去。

請各位了解，現在你所擁有的收納空間，也就是你房間裡原本就有的收納空間，其實已經足夠。以前收納空間太少……我曾經聽過無數次這樣的煩惱與不滿，但從眞正的意義上來說，沒有一間房子的收納空間是太少的，只是你擁有太多不需要的東西而已。

當你變得能夠正確地選擇物品時，不知爲何所留下的量就會恰好可以收進你現在住的房子、你現在所擁有的收納空間，這才是「整理魔法」。雖然眞的很不可思議，但「心動判斷法」就是如此準確。

所以，總之先完成「丟東西」這個動作。如果能做到這一步，決定物品定位就很簡單，因爲所有物的數量已經減至原本的三分之一或四分之一了。

如果都不丟東西，光是在想如何收納，一心想靠收納絕招，勢必會陷入怎麼整理也整理不好的「再次變亂地獄」。

各位覺得我爲什麼能有自信如此斷言呢？

其實，我自己過去就是這樣。

現在我可以很乾脆地說「不可變成收納達人」或「請先忘記收納，重要的是先把東西減量」。**其實直到不久之前，我的腦袋裡有九成都是收納。畢竟，我從五歲開始就一直在認眞思考收納的問題，時間遠比中學時對「丟東西」頓悟之後的資歷還久**。這其間，我參考了各種書籍或雜誌，**經歷了所有關於收納的實踐方法與失敗，就如同一般人會經歷的一樣**。

除了自己的房間之外，無論是兄弟姊妹的房間或學校，我每天都與抽屜裡的東西對峙，追求完美的配置，甚至曾試過以毫米爲單位挪動抽屜裡的東西，每天都在想：「如果把這個抽屜放在那裡，會怎麼樣呢？」「如果把這個隔板拿走，會怎麼樣呢？」無論身在何處都不斷在思考，一閉上眼時，眼皮底下浮現的全都是喀嚓喀嚓作響的收納拼圖。

在度過了這段漫長的「收納青春時代」後，我開始覺得，所謂的收納就是如何合理地使用空間，以收進更多東西的腦力比賽。一發現家具的隙縫，就立刻用收納商品把東西塞進去，如果剛好能夠塡滿縫隙時，就像如獲至寶似地哈哈大笑，在心裡比出勝利的手勢。於是不知不覺間，在面對家裡的東西時，都不禁擺出一副要打架的姿態，一心只想著輸贏。

收納要「簡化至極限爲止」

因此，當我剛開始從事這份工作的時候，也覺得替別人家設計收納空間，好像非得使出什麼奇蹟似的絕招不可。譬如像雜誌收納專題中會出現的那種範例：「沒想到這個細縫裡竟然能用防水止滑腳踏板做出架子，用來收納這種東西！」總有股莫名的壓力，覺得這種能讓周圍驚豔的收納，應該也能滿足客戶才對。

然而，如此拚命設計別出心裁的收納，通常都只是設計者的自我滿足而已。對實際居住的人而言，幾乎都不好使用。

比方說，在我爲某位客戶設計廚房的收納時，竟出現了已經不用的微波爐轉盤。玻璃轉盤是雙層構造，就好像中餐圓桌上的轉盤會團團轉一樣。由於微波爐本身已經不在了，所以其實大可也把轉盤丟了。但我看到這個形狀時，突然有了靈感，想到「就把這用在收納上」。可是這個圓盤面積相當大，也有一定的厚度，所以很難找到派得上用場的地方。

客戶此時突然嘀咕：「調味料和醬汁之類的庫存太多，很難管理啊！」我打開流理台旁客戶所說的櫃子，的確全都是瓶瓶罐罐。由於我就是設法想用上剛剛那個轉盤，所以趕緊把塞在櫃子裡的瓶瓶罐罐都先拿出來，試著把轉盤放在清空的櫃子裡，沒想到大小剛好。接著再試著把瓶瓶罐罐放回去，完成了有如商店陳列般的時髦收納。只要轉動轉盤，後面的東西也能馬上取出，十分方便。客戶也非常滿意地說：「太厲害了！太感動了！」眞是謝天謝地、可喜可賀……

不過很快地，就在我下一次上課去檢查廚房時，才發現這樣的收納方式根本就大錯特錯。因爲其他地方都和以前一樣很整齊，唯獨那扇門背後亂成一團。一問之下才知道，每次轉動轉盤時，瓶瓶罐罐就因爲滑動而乒乒乓乓地倒塌，結果庫存都無法全部收納完全，只好放在轉盤的邊緣，導致不易轉動。

沒錯，我因爲太想設計出令人驚豔的收納，太過執著於一定要使用微波爐圓盤，而完全沒有注意到擺在上面的瓶瓶罐罐。仔細思考後發現，庫存的瓶瓶罐罐又不是需要馬上拿出來用的東西，所以根本沒有必要團團轉，更重要的是，圓形的東西容易造成空間上的浪費，本來就不適合收納。

最後我撤走了轉盤，把瓶瓶罐罐放進四方形的盒子、再收納在櫃子裡。雖然是平凡無奇、最普通的收納方法，但後來詢問客戶的感想，他說變得非常好用。

我在這些經驗之後所得到的結論就是，收納最好簡化到極限爲止。不需要用腦思考、絞盡腦汁。感到猶豫時，就問問房子和物品。

話說回來，誠如各位所知，房間會亂七八糟，最大的原因就是東西太多。而東西會變多的原因，通常都是因爲沒有掌握住自己所持物品的數量。而無法掌握所持物品的數量，就是收納太過複雜所致。**換言之，能否防止東西變多，可說就取決於如何能把收納法簡化。**

把收納簡化到極限爲止，達到能夠掌握自己所持物品的狀態。這就是能夠讓房間一直維持在整理完畢狀態的收納秘訣。

我之所以刻意說要簡化到極限爲止，其實是有理由的。因爲，不管把收納法簡化到什麼程度，都無法完全記得所有物品的存在。就連我家，理當已經盡量把收納單純化了，但至今仍會發生打開抽屜時發現「啊！你原來在這裡啊！」的狀況。如果更進一步按「三階段的使用頻率」或「季節」來分類，我相信一定會更常發生東西在不見天日的狀況下，日子就一天天過去的情況。

若是如此，那最好還是把收納簡化到極限爲止。

不要「分散」收納場所

因此，我推薦的收納方法非常單純。**原則就是同一類的東西收納在同一個地方，不要分散，僅此而已。**

歸根究柢，收納時必要的類別只分爲兩大類，即「**按所有人分類**」「**按物品分類**」。

在與家人同住、一人獨居的狀況下，將上述兩個原則分開思考，或許比較容易理解。

一人獨居或有自己房間的人最簡單，只要直接按物品類別收納就好。不需要想得太難。物品的分類方法與丟東西時一樣：首先是衣服，其次爲書籍、文件、小東西，最後是紀念品。只要按照這個順序選擇，然後在同一個地方集中創造出收納空間即可。

有時候也可以更粗略地分類。與其用腦袋去想這是什麼類別，不如用「布做的」「紙做的」，或是「與電力有關的東西」等爲基準來決定收納場所，把覺得像是同一類素材的東西集中在一處或放在附近。比起想像使用時的畫面，或是思考使用頻率等，這個方法絕對比較輕鬆，從結論上來說能夠更正確地分類。

話說回來，這項作業就算不是我，到現在爲止按照順序、用心動感覺爲基準選擇物品的你，同樣也會明白。因爲你已經把家中七零八落的東西都先集中到一個地方，並一一與它們面對面過了。所以之前一直在做的事，也就是用心動感覺一口氣選擇物品的作業，其實也是爲了磨練決定收納場所的感覺所做的訓練。

如果和家人同住，首先要先明確地畫分出每位家人的收納空間，而且絕對不能遺漏這個步驟。舉例來說，先清楚決定出自己、老公、小孩的區域。然後使用權已經確定的東西，就全部集中到各自的區域裡收納。只要這麼做就可以了。

此時的重點是，**盡可能一個人使用一個區域。換句話說，就是一點集中收納法。**因爲，如果到處都有自己的區域，那才是眞的會轉眼間就亂成一團。按所有人類別把東西集中在一處的作法，在完美維持已收納狀態上，發揮了出色的效果。

以前，曾有一位客戶向我提出要求：「我希望小孩變得擅長整理。」她有一個三歲的女兒。我去她家拜訪後才發現，裝有女兒衣服的抽屜在臥室裡，裝玩具的抽屜在客廳，書櫃在和室，女兒物品的收納場所就分散在三個地方。

不過後來根據我的原則，把女兒的東西都集中到和室裡的一處。

結果，據說自那一天起，女兒就開始可以自己挑選要穿的衣服，而且也能自己物歸原處了。

「三歲小孩原來也能學會自己整理啊……」雖然是我自己做出的指示，但內心還是不禁感到驚訝。

所有人都是一樣的，當擁有一個專屬於自己的區域會感到開心。當意識到「這裡是只屬於自己的場所」時，就變得能夠確實管理。就算要確保每個人都有一個自己的房間可能有點困難，但如果每個人都有各自的收納場所，就十分可行。

在與不擅長整理的人談話後會發現，很多人都是從小媽媽會幫忙整理房間，或是至今仍沒有一個只屬於自己的場所。

尤其在主婦中很常見的狀況是，用小孩衣櫃的一部分收納自己的衣服，用老公書櫃的一部分來收納自己的書，像這樣沒有一個覺得「只有自己在管理、只屬於自己」的場所時，其實非常危險。

任何人都絕對需要一個只屬於自己的聖地。

此外，我十分了解一般人想要整理家裡時，不自覺地就會從客廳，或是藥品、洗衣粉等全家使用的生活用品開始整理的心情，但這些地方請稍後再說。首先，決定只屬於自己物品的去留，然後打造一個自己的區域，再來進行收納。到此為止，就算已經大致學完整理的基本原則。切記，與選擇物品時一樣，順序也是收納時最重要的關鍵。

不必理會「動線」與「使用頻率」

「思考動線，然後再收納！」

在稍微嚴肅一點的整理書裡，一定會出現這句話。絕不能說這句話是錯的，相信也一定有人提倡需要先確實考慮動線的實踐性收納法，但我接下來要強調的，原則上僅限於我的整理法，那就是——請忽略行動動線。

在家庭主婦N太太（五十多歲）的家中，發生了這樣的事。N太太的個人物品順利整理完成，她說接下來想整理老公的東西。

「我們家老公不管是遙控器或是書，都非放在伸手就拿得到的地方不可。」

環顧N太太家中，發現N先生物品的收納場所果然分散各處。在廁所裡有N先生專用的小書架，玄關有N先生專門放公事包的地方，洗手檯旁的浴櫃裡則收納了N先生的內衣和襪子。

我也一點都不在意這樣的狀況，仍一如往常採用我的「一點集中收納法」。於是我把N先生的內衣、襪子，甚至是放公事包的地方，全都移到掛有N先生西裝的衣櫃裡。

「他好像喜歡東西放在要用的地方耶！改成這樣他會不會生氣啊……」N太太一臉擔心。

多數人容易誤會的一件事就是，都先以「方便拿取」為基準來決定物品的收納場所，但其實這種作法有一個陷阱。

本來，環境之所以會亂七八糟，就是因爲「無法物歸原處」。換句話說，比起使用時的麻煩，更必須思考如何減少收納時的麻煩。使用時，因爲有明確的目的，所以除非「拿取的麻煩」眞的很誇張，否則通常不太會造成困擾。之所以亂成一團，通常不是因爲「收拾的麻煩」，就是因爲不知道「收納的場所」。

如果這裡出錯了，就等於是自己製造出一個容易變得亂七八糟的機制。所以我極力推薦像我一樣怕麻煩的人，最好採取「一點集中收納法」。「東西總在伸手就能拿到的範圍內比較方便」這樣的想法，有時單純只是先入爲主的感覺而已。

雖然多數人會想要配合自己的動線來決定收納，但各位知道動線是如何決定的嗎？其實動線不是取決於一個人的行動，而幾乎都是取決於物品放置的場所。也就是說，看起來像是配合現在自己的行動在收納，但實際上是我們在不知不覺中配合已經決定好的收納場所在行動、生活。

因此，根據現在生活的動線來考慮物品的定位，非但無法解決任何問題，反而會讓收納場所分散，東西更容易變多。而且往往會忘記什麼東西收納在哪裡，結果形成不便於生活的收納。

再者，就算以一般住家面積來考慮動線，也不會有什麼差別。從家的一頭慢慢走到另一頭爲止，頂多花十秒、二十秒左右就走完，根本就沒有必要爲這樣的距離思考動線吧？

如果各位的目標是不會亂七八糟的房間，那麼讓物品配置變得更一目了然，遠比思考瑣碎的動線來得更重要。

所以，不用想得太複雜，只要根據家中隔局決定物品的定位，絕對可以順利進行，因爲這個家早就知道物品的放置場所了。

由我經手整理的家庭裡，收納往往出奇地簡單。老實說，哪一個客戶家的哪裡放了什麼東西，我幾乎全都記得，因爲我只會規畫如此單純的收納而已。

截至目前爲止，我在協助客戶整理收納時也完全不考慮動線，一直以來似乎都沒什麼問題。**甚至常常聽到客戶說，一旦規畫好簡單的收納，對於物品該回歸的原位也不再猶豫，於是開始能夠自然地物歸原位，完全不再會亂成一團了。**

總之，同樣的東西就放在附近，不要分散。如此一來，也會毫不費力地就形成了動線。

使用頻率與動線一樣，也大可忽略。在一些相關書籍裡，甚至有依使用頻率分類爲每天使用的物品、三天一次、一週一次、一個月一次、一年一次……等六階段分開收納的方法。光是想像抽屜要分六階段分開使用，就不禁開始頭昏腦脹。難道只有我這麼覺得嗎？

我頂多只會分成兩階段，使用頻率高或低。如果是在抽屜裡，久而久之，使用頻率較低的就會被放到較裡面，使用頻率較高的就比較靠外面。

在一一決定收納的階段，根本不必思考這種事。

選擇物品去留時，問問自己的身體，決定物品放置場所時，問問你的房子。只要記住這一點，應該就能毫不猶豫地進行整理。

不堆疊，「直立收納」才是王道！

有一種人，不管是文件、書或衣服，總之不管在哪裡、不管什麼東西，都會不知不覺地把東西堆起來，但這樣做其實很可惜。

若說到我在收納方法上唯一的講究，那就是不論如何都要把東西立起來。**衣服折**

好後，直立放入抽屜中收納；褲襪也一樣，捲起來後直立收納；抽屜裡的文具時也一樣，訂書針的盒子、尺、橡皮擦也都立起來。甚至我還曾把筆記型電腦直立收納在書架上，就像放一本筆記本一樣。

明明有足夠空間，但看起來就是不搭調的收納，很多時候只要試著擺成直立的就能解決。

把東西直立起來，是爲了避免堆疊，理由有二。首先，因爲堆疊可以無止盡地使用空間。能夠無止盡地把東西往上堆，就意味著即使東西無止盡地增加，你也不會發現。如果採直立收納，東西一增加就會使用到收納空間，總有一天會面臨極限，如此一來就會發現：「啊！東西增加了啊！」

另外一個理由則是，**被堆在下面的東西會很難受**。把東西堆疊在上面，意味著下面的東西理所當然地會被壓扁。就好像我們長時間拿著很重的行李時會感到吃不消一樣，物品一直處於上面有東西壓著的狀態時，就會逐漸衰弱。

於是，下面的東西就愈來愈沒有存在感。不知不覺中，你甚至會忘記自己擁有這樣東西。實際上，衣服堆疊收納時，愈是下面的衣服，拿起來穿的頻率就會愈來愈低。在整理衣服時，**有些衣服讓你覺得「買的時候明明很喜歡，爲什麼不讓人心動了**

呢……」，往往是因爲長期被收納在一大堆衣服底下的緣故。

這個道理同樣適用於文件。堆疊文件時，下面的文件就頓時失去了存在感。於是很容易一不留神就忘了處理被壓在下面的文件，或是不知不覺地往後拖延。

因此，能夠直立的東西，就立起來收納。

你不妨試著把現在堆著放的東西直立起來，光是這麼做，應該就開始能夠掌握自己所持物品的數量，意識也會跟著改變。

直立收納可以應用到所有場所的收納，容易亂成一團的冰箱也一樣，總之把能夠直立起來的東西都直立收納，馬上就會變得整齊。附帶一提，我最喜歡的食物是紅蘿蔔，所以我的冰箱裡用來放飲料的地方，都直挺挺地立著一整排紅蘿蔔。

沒有必要使用「市售的收納商品」

市面上充斥著各式各樣方便的收納商品，例如可以調整大小的隔板、掛在衣櫃吊桿上的布製收納掛袋、隙縫收納專用的窄型收納架。無論在百圓商店，或是時髦的雜貨店，幾乎每次去都有新產品，常常讓人不禁看得入迷。

我過去也是收納商品迷，除了基本款，連冷門的創意商品都有，有一段時期甚至瘋狂到把放眼望去所有的商品都試了一遍。但不可思議的是，如此大量的收納商品，至今卻沒有留下任何一樣。

我家現在最主要的收納商品大致如下：用來裝衣服和小東西的抽屜型透明收納箱、從國中用到現在的手工製抽屜、放毛巾的籐籃……僅此而已。這些收納商品都收在衣櫃裡，而衣櫃原先就是房間裝潢的一部分。剩下就是在廚房和浴室分別有本來就固定在牆上的層架，和玄關的鞋櫃而已。書籍和文件的收納，是利用鞋櫃的其中一層，所以我家也沒有書櫃。當然，原本就附在房間裡的收納空間並沒有特別大，甚至還比平均水準來得小。

總之，只要有普通的抽屜和普遍的箱子，就不需要特別的收納商品。

經常有人問我：「妳推薦什麼收納商品？」當對方這麼問的時候，通常都是期待聽到一個不為人知的秘密武器，但老實說，根本沒有必要再買新的隔板或收納用品，因為只靠家裡現有的東西，就一定能夠解決。

最常使用的收納聖品，就是空的鞋盒。雖然我嘗試過各式各樣的收納商品，但

說到免費就能取得的萬用收納道具，眞的無人能出其右。我對收納商品的評估項目是「大小」「素材」「堅固」「簡便」「心動度」，而鞋盒在這些項目的分數都在平均水準之上，最大的魅力是能夠廣泛運用。再加上最近很多鞋盒的設計都很可愛，更是令人開心。「有沒有鞋盒？」已經成爲我拜訪客戶時的口頭禪了。

鞋盒有無限的運用方法，最常見的就是用來裝絲襪或襪子，當作抽屜裡的隔板。因爲鞋盒的高度剛好與絲襪捲起來之後的高度一樣。在浴室，鞋盒也很適合用來收納洗髮精類的庫存或洗衣精等生活用品。在廚房，則可當作食品庫存的隔板，或是用來裝垃圾袋或抹布的庫存。此外，把蛋糕型或塔類糕點的模型等不常使用的烘焙用具，全都集中放鞋盒裡，再收納到櫥櫃上層，雖然很單純，但也是頗受好評的收納法。不知道爲什麼，很多人會把製作糕點的用品放在塑膠袋裡，但收納在盒子裡絕對比較好用。甚至還有客戶告訴我，因爲這樣的收納法讓她製作糕點的機會增加了，讓我覺得很欣慰。

鞋盒的蓋子很淺，所以可以當作托盤來用。放在廚房瓦斯爐下方櫥櫃，再放上油或酒等調味料，就能避免弄髒底板，也比起市售的防污墊來得不易滑動，更新的時候也輕鬆許多。會把湯勺或鍋鏟放進抽屜裡的人，也可以試著把它鋪在抽屜裡。由於具備防滑的作用，所以除了能夠防止每次開關抽屜時發出鏗鏘的聲音外，也能當成隔板，讓其餘空間更有效地運用。

當然除了鞋盒之外，還有很多能活用於收納的東西。出現率較高的包括印製名片時附贈的塑膠名片盒、蘋果電腦隨身音樂播放器的透明收納盒等。蘋果公司商品的外盒多半大小剛好、款式漂亮，如果你家有的話，我大力推薦可拿來做抽屜裡的隔板，這些盒子最適合用來收納文具。用多餘的保鮮盒來收納廚房裡的小東西，也是非常常見的作法。

總之，只要是四方型盒狀的容器都行。在整理途中如果看到適合用來收納的盒子，就請先集中在一處，保存至全部整理完一遍的時候。不過整理完畢後，不要因為「以後或許有一天會用到」就把空盒留下，要乾脆地丟掉。此外，雖然同是空箱，但紙箱或裝電器的箱子等，因為太大無法做為隔板，做為收納用具時無論便利性或外觀都不太出色，所以也請丟掉。

而以圓型或心型等形狀特殊的盒子當作隔板時，也很容易造成空間的浪費，所以我並不推薦。不過若你對盒子本身感到心動，就又另當別論。如果把盒子直接丟掉或是原封不動、糊里糊塗地留下來，才眞的是浪費，所以就算很勉強，也請活用在收納上，例如放進抽屜裡用來做裝飾品的隔板，或是用來裝棉花棒或針線等。空盒和收納物品的組合，是世界上獨一無二、只屬於你的原創搭配。所以，自由地做各式各樣的嘗試，盡情享受其間的過程，才是眞正的正確答案。

如上所述，只要能夠活用家中既有的東西，很不可思議地，每次都必定完美地完成收納的任務，根本不需要購買新的收納用品。市面上有各式可愛的商品，但現在最重要的是如何迅速地整理完畢。與其在整理途中去買臨時應急的收納商品，倒不如在整理結束後，再慢慢地去尋找自己喜歡的款式。

「包中有包」的絕妙收納術

我有一次整理包包時，突然莫名地有一種很吃虧的感覺。雖然說來理所當然，但包包的裡面是空的。包包本身明明已經收納在相當好的位置，但包包裡頭空蕩蕩的寬闊空間，眞的好可惜。但是包包不能折疊，又占空間，甚至還要特地在裡面塞進紙團，在收納空間不足的家庭裡，這樣的空間使用方法實在是太奢侈了。而且塞在包包裡的紙團，時間久了之後還會漸漸塌掉，最後落得拿進拿出時紙屑滿天飛的下場。難道沒有別的方法嗎？

左思右想之後，我決定先把包包裡面的紙團拿掉。整理的大原則就是，不心動的東西先丟掉。我試著把過季的配件放進包包，夏天就收納圍巾或手套，冬天就收納泳衣，用來代替塡充物。這樣一來，包包不但不會變形，還可以收納不用的配件，簡直是一舉兩得！但欣喜之情也沒有維持多久，這個收納法在一年之內就不了了之。

這個方法雖然不差，但要用包包時就必須把裡面的小配件一一取出，非常麻煩。而且在包包使用期間，這些被拿出來散亂在衣櫃裡的配件類，更讓人莫名地難過。

不過我當然不會就此放棄，總之只要讓裡面的東西不要七零八落，外觀上也好看就好。所以，接下來我試著把這些配件類先放進束口袋之類的袋子裡，做成一個塡充物。不但拿取輕鬆，把束口袋整個拿出來時，外觀也出乎意外地可愛，這下我可滿意了。

這個方法乍看之下似乎是非常劃時代的構想，但在意想不到之處卻有非常大的陷阱。被塞在束口袋裡的東西，從外面當然看不見。由於裡面塞的都是過季的東西，所以隨著季節變換需要更換。但我的失誤就是竟然在一不留神間就忘了將其中兩袋換季，結果季節就過去了。換句話說，這些配件有一整年的時間都被當作塡充物對待。很久之後，當我打開束口袋的瞬間，它們散發出的淒涼氣氛，讓我深切反省了許久。我原本連對一般的衣服都採取不換季主義，但卻覺得自己會爲看不到的東西換季，這樣的想法打從一開始就錯了。

於是，我把充當塡充物的配件們全都從束口袋裡解放出來。而接下來的問題就是，配件們因爲重獲自由歡天喜地，但包包卻因爲塡充物被拿走而變得癱軟無力。我還是想塞點什麼進去，如果連過季的衣服都拿來當塡充物，衣服似乎會有遭人遺忘的危險，所以一定要避免。

眼看著沒別的辦法了，我也沒想太多，只是試著把別的包包放進包包裡，沒想到這個作法卻出奇地順利。把包包放在包包裡，過去使用時浪費的收納空間不但減少到一半以下，只要把放在裡面那個包包的把手露出來，也不會發生包包失蹤的狀況。

重點是，要把同樣種類的包包套在一起。也就是說，堅固的皮革包包、冬季素材的包包、婚喪喜慶用的包包等，如果同一類有好幾個，就把它們組成一套。如此一來，只需配合用途，取出符合條件的那一套，再從中選擇就好，非常輕鬆。旅行用的背包折起來時小得驚人，所以如果有很多個時，絕對建議你把它們全都集中在一個背包裡。

希望各位注意的只有一點，那就是不要套進太多包包。基本上，「一個包包裡頂多套進兩個包包」，而且絕對不可以讓裡面的包包被遺忘了。

總結來說，包包最正確的收納法如下。

首先，把材質、大小和使用頻率相近的包包組合起來，套在一起。在把手全都外露的狀態下，收進買包包時的防塵袋裡（如果沒有防塵袋，也可以省略這個步驟）。讓這些包包全部處於一眼就可以看見的狀態，排列在衣櫃或壁櫥裡。**如果是衣櫃，就放在上層，若是（放棉被用）壁櫥，就放在上方的小櫥櫃裡，像排列書籍一樣把包包直立排列**。

在這個包中有包的作業過程中，找出最適合的組合，就像拼圖一般，也是一種樂趣。因為當你發現大小剛好，裡面的包包恰巧可以穩穩地與外面的包包互相支撐的絕配時，就會彷彿見證了一場命中注定的相遇一般，不由得感動了起來。

包包「每天都清空」

錢包、定期車票夾、化妝包、萬用手冊……有些東西就是幾乎每天都會帶在身上。

很多人認爲：「反正是每天都會帶在身上的東西，所以就一直放在包包裡面。」但這可不行。

包包原本的任務是，在你外出時幫你運送物品。包包要完全收納文件、化妝包、手機等身上的所有東西，在被塞滿的狀態下被帶著到處跑，放下的時候會磨擦到地面，但還是默默地、勤奮地一直支持者裡面的東西和你。怎麼會有這麼勤勞的東西呢？所以至少在家時，要讓它好好地休息一下，不然可是會遭天譴的。不用的時候還一直裝著東西，就如同睡覺時胃裡還塞滿了食物一般，對它們而言，應該非常難受。實際上，這種狀態下的包包格外容易受傷，馬上就會呈現出一種疲憊不堪的樣子。

而且，當你習慣把東西一直放在包包裡，在換包包時，常常就會把一些東西留在裡面，轉眼間就會陷入無法掌握哪個包包裡有什麼東西的狀態。到了最後，就會落得「啊！沒有筆。」「咦？我的護唇膏放哪去啦？」需要某件物品的時候找不到，結果又得重買的下場。

附帶一提，在整理包包時最常發現的東西，是街頭免費發放的面紙、銅板、皺巴巴的收據、吃完用紙包住的口香糖等。如果重要的印鑑、紙條、文件或首飾等混雜其中的話，就非常危險了。

因此，請每天都把包包清空。也許你會說：「咦？每天都要做那麼麻煩的事啊？」不必擔心，因爲只要設一個**「每天隨身攜帶物品」**的專區就很容易辦到了。

首先準備一個盒子，把定期車票夾、化妝包和員工證等直立收納在裡面。再把這個盒子直接放進衣櫥裡的抽屜就完成了。

什麼盒子都可以，如果沒有找到適合的，也可以利用鞋盒，或是在抽屜裡畫出一個區域。把盒子放進壁櫥或衣櫃裡時，因爲外觀也很重要，最好找一個自己喜歡的盒子。擺放的位置，最常見的就是放在透明收納盒等抽屜型收納的上面。總之，放在包包收納位置的附近會比較方便。

當然，偶爾有幾天沒辦法把包包清空也不要緊。就連我，有的時候也會因爲很

晚回家，隔天一大早又要工作，而且都用同一個包包，因爲嫌麻煩，就一直讓東西放在裡面。非但如此，我還要告訴各位一個秘密，在寫這本書的期間，甚至常常回到家後，連衣服都沒換就倒在床上睡著了……

重要的是，放在包包裡的東西，全部都要有應該歸位的固定收納場所，才能創造出一個讓包包能夠休息的環境。

大東西全部收進「壁櫥」裡

如果你家有壁櫥，那肯定能夠把房間裡幾乎所有東西都收納進去。

壁櫥，是日本最引以爲傲的收納櫃，擁有傑出的收納能力。深度夠，上方還有小櫥櫃，用來隔開上下的隔板也具備了相當的強度。只是，正因爲壁櫥的空間寬闊，很多人往往無法有效利用，也是不爭的事實。

如果家裡本來就有這個難能可貴的收納空間，基本上只要老老實實地利用這個空間來收納，一切就會很順利。**因爲，往往就在你絞盡腦汁，想要一舉打造出讓你逆轉**

勝的奇蹟式收納時，下場幾乎都是讓原本的收納變得更難用。

巧妙活用壁櫥的基本收納法如下。

首先，最基本的原則是，把季節性物品收在上方的櫥櫃裡。譬如女兒節的人偶、耶誕節的裝飾品等。除此之外，滑雪、登山等戶外活動用品和休閒活動相關的物品，基本上也收納於此。另外，也可以收納成人式或結婚典禮等尺寸較大、無法放進書架的照片或相簿。**這時，絕對不可以裝在紙箱裡再收進去，要像放在書架上一樣，直立排列在上方櫥櫃的前方。若不這麼做的話，這些東西就會一輩子不見天日，直接被打入冷宮。**

收納衣服時，如果要用透明收納盒，絕對推薦抽屜型遠超過箱型。東西一旦裝入收納箱後，拿取、收納就變得麻煩，於是絕大多數的例子都是整個箱子原封不動，拖拖拉拉地就過了季，也完全沒有拿出來用。當然，抽屜裡的衣服請直立收納。

棉被請收進上方櫥櫃，這是為了防潮與防塵。下面的空間則可以收納電風扇或暖氣等季節性的家電產品。

此外，因為壁櫥空間很大，與其說是收納空間，倒不如說是用紙拉門隔起來的小房間，用這樣的概念來思考，會讓整理進行得更順利。因此，完全不使用任何收納用具是很危險的。我就曾經碰過一個客人把衣服直接丟進壁櫥裡收納。結果，門一打開時，衣服就像炒麵般堆積如山的樣子，宛如一座垃圾場，衣服最難受的事也不過如此。

相反地，如果能夠活用這寬敞的空間，把外面的收納直接放進去，就會是不錯的方法。**我經常使用的絕招是，把不鏽鋼層架或書櫃收到壁櫥裡。也常常把彩色收納箱放進壁櫥裡做成書櫃。**

而以旁若無人的姿態占據房間一角的大型物品，譬如行李箱、電暖器等家電製品、高爾夫球球具、吉他等，再怎麼勉強也都要把它們收進壁櫥裡。或許現在很多人都在心裡犯嘀咕「這絕對不可能」，但只要徹底執行本書所寫的「丟掉」動作，後續就真的很容易達成的。

「浴室」和「廚房水槽」什麼都不要放

放在浴室裡的洗髮精、潤髮乳等瓶瓶罐罐出乎意料的多，有時候每個家人用的東西不一樣，或是會依當天的心情來決定用哪一瓶，還有一星期只用一次的護髮乳等，每當打掃浴室時，就得把這些東西往外移，眞的是非常麻煩。而且如果把瓶瓶罐罐直接放在地板上時，底部一下子就會形成討厭的水垢。於是似乎很多人都覺得，那不妨就把這些瓶瓶罐罐收納在排水效果較好的不鏽鋼置物架上，但這其實是最麻煩的東西。雖然說是不鏽鋼材質，但一直放置在濕答答的狀態下，總有一天還是會產生水垢。

我家過去也是用不鏽鋼置物架。由於尺寸還滿大的，可以放得下全家人用的香皀、洗髮精，以及偶爾才用的面膜等，非常方便，但這樣的開心之情稍縱即逝。一開始洗完澡時，還會迅速地把置物架上的水滴擦掉，但久而久之後就開始覺得，要用毛巾沿著一根一根的不鏽鋼管擦拭，實在是很麻煩。於是漸漸變成三天擦一次、五天擦一次……擦拭的頻率不斷下降。等到已經完全忘記要保養置物架這件事後，想用洗髮精時拿起來一看，才發現瓶底已經變成紅色了，當下大吃一驚，把置物架的底部翻過來一看，已經滿是讓人無法直視的水垢。雖然我都快哭出來了，不過還是仔細地把它洗乾淨。最後因爲每天要擦乾實在太費工、麻煩，而且泡澡時一看到那個置物架，就不禁想起惱人的水垢，所以終究還是決定不用了。仔細想想，浴室經常高溫潮濕，應該是家中最不適合放東西的地方，實在不應該再增加任何東西，即便是收納道具。

再說，這些洗髮精等東西，除了要用的時候之外，眞的有必要放在浴室裡嗎？尤其是和家人使用不同用品時，讓洗髮精在自己沒有使用的時候，還要持續被加溫到熱呼呼，暴露在品質惡化的環境裡，我總覺得它們很難受。

因此，我決定不在浴室裡放任何東西。

反正不管如何，在浴室裡使用的東西，使用完畢後都必須把水分擦乾。既然如此，無論是洗髮精或任何東西，每次使用過後就用擦完身體的浴巾一口氣把水分擦乾，再收到浴室之外的收納場所吧！

乍看之下，或許會覺得每次要費的工夫很麻煩，但試著做做看就會發現，這樣的作法絕對比較輕鬆。很快就能完成浴室的打掃工作，不但不會積水垢，更不需要保養置物架。

廚房的水槽周邊也一樣。你是不是不知不覺就會把廚房清潔劑或菜瓜布等東西一直放在水槽周邊？

我通常把這些東西也都收進水槽下方的收納空間，秘訣就是要把菜瓜布完全晾乾。

我想很多人都是用那種以吸盤固定在水槽內側的不鏽鋼海綿收納架，請把它拆掉吧！因為位於水槽內的位置會一直暴露在水氣當中，於是菜瓜布總是乾不了，馬上就會產生異味。最理想的方式是菜瓜布用完時把水擰乾後曬乾。如果抹布等沒有特定地方可以曬時，就可以用洗衣夾把抹布夾在水槽下方櫃子的把手上晾乾。當然，最推薦的還是晾在陽台等戶外空間。

附帶一提，無論是菜瓜布、砧板或是篩子，所有東西我都會晾在陽台。這樣就不需要瀝水籃，廚房也一直都能乾淨清爽。晾在外面還能用陽光消毒，也乾得快，我大力推薦這個作法。說實話，我家沒有瀝水籃。洗好的東西就放進套了篩子的盆子，然後拿到陽台去，全都像洗好的衣服一樣晾乾，早上只要把洗好的東西丟在陽台就好了。我強烈建議獨居的人或要洗的東西不多的家庭採用這個作法。

那麼調味料該怎麼辦呢？

鹽巴、胡椒粉、醬油、沙拉油等調味料都很常用，一般人都希望在烹飪的過程中能夠迅速地取出，放在伸手可及的地方最為方便，所以它們的定位就是瓦斯爐旁邊。但如果你也是這麼想，現在就請讓它們馬上避難。

流理台畢竟是烹飪的場所，而不是擺放物品的地方。尤其是瓦斯爐附近經常都有油噴濺的危險，調味料的定位若緊鄰瓦斯爐旁，不知不覺就會變得黏呼呼。而且這些瓶瓶罐罐如果一直擺在那裡，打掃起來會更棘手，整個廚房也會容易變得油膩。

廚房的櫥櫃裡，幾乎原本都有設計收納調味料的空間，所以請好好地收在原本的地方。最典型的設計就是瓦斯爐左方的細長抽屜。如果沒有這類抽屜，就把用來裝餐具或長筷等的抽屜當作調味料的擺放場所。如果也沒有這種抽屜，在瓦斯爐下方櫥櫃設一個區域也行。

把書櫃最上一層設為「我的神龕」

其實，我曾經在神社裡工作過五年多。我從小學開始就喜歡神社，即使到了現在，也習慣一有時間就常會到神社參拜。

就算各位不像我那麼喜歡神社，但身邊也一定會有一、兩個護身符。尤其，我很清楚女性對於提升戀愛運非常認眞，因此在現場授課時，我不知看過多少來自全國各地求姻緣的護身符。各位努力地磨練自己的身心靈，並把最後一線希望寄託於神佛，這一絲不苟的認真態度著實令人敬佩，但各位會不會覺得護身符很難處理呢？

首先，最基本的原則是，**護身符不是「你買的東西」，而是「神明賜予的東西」**。有效期限在賜予之後的一年之內，過期的就盡早還給神社。不一定要還給原先的神社，只是寺廟護身符要歸還回寺廟，神社的護身符要歸還給神社，這是規定。

問題是，還在有效期間內的護身符或神札⑥。當然，能隨身攜帶最為理想。你可以繫在家裡的鑰匙或鑰匙圈上，使用活頁型萬用手冊的人則可以裝在金屬活頁夾的部分。不過，一年會去好幾次神社，護身符多達四、五個時，也不太可能全都隨身攜帶。為了炫耀而帶了一大堆護身符在身上，也完全不令人心動，一副看起來就是在「等待姻緣」的樣子也很不好看。就算現在款式可愛的護身符愈來愈多，但基本上還是希望各位能低調地隨身攜帶。

在外資顧問公司工作的S小姐（三十一歲），是一位喜歡算命，還有到能量景點（power spot）⑦巡禮的平凡女性。

整理期間，歷年的護身符接二連三地從她書桌淺淺的抽屜、「回憶盒」或是書與書的夾縫間出現，包括小學時祖母送的學業成就御守、知名神社求姻緣的護身符等，總計有三十四個過期的護身符。除此之外，還有在印度買的迷你佛像、歐洲買的迷你瑪麗亞像，以及水晶等能量寶石等。

此時，**不妨在家中一角設置一個「我的神龕」**。雖說是神龕，但也不用特別在意方位或形式，就是打造出一個「帶有神聖感覺物品」的專區。建議設在書架的最上一層。重點就是像眞正的神龕一樣，設置在比水平視線更高的地方。

我的整理法主題，其實是「把房間打造成如神社般的空間」。換句話說，把自己的住家打造成爲充滿純淨空氣的能量景點。

舒服的家、光是待著就心情大好的家、不知爲何就是能讓人放鬆的家……這些都是家成爲能量景點的證據。

你想要住在有如能量景點的家嗎？還是想住在像倉庫一樣的房間裡呢？答案應該很清楚才是。

「不想被看到的物品」就擺在衣櫃裡

「這、這裡請不要打開。」

客戶頑強地拒絕讓我打開某個抽屜或箱子。

誰都擁有一些不想被別人知道、但又非常重要的東西，最常見的就是偶像的海報等明星周邊商品，或是與興趣相關的書籍。我經常看到一卷卷的海報被立在衣櫃深處，或是CD被收在箱子裡。

不過，這樣做實在非常可惜。自己的房間被只屬於自己的嗜好填滿也無所謂，所以請不要把自己喜歡的東西收起來。

但是，萬一被朋友或戀人看到，就會很不好意思。

這時我最常用的作法就是，**把只有自己專屬的心動空間，裝進衣櫃等收納空間之中。也就是說，把海報等裝飾在收納空間的內部**，譬如房間深處掛著衣服的牆上、衣櫃門片的內側等。

這個方法，除了可以用來收納被別人看見會不好意思的東西外，當然也能放別的。如果有好幾幅想要掛起來的海報或畫，但全都擺在房間裡會太繁複的時候，只要掛在衣櫃裡，不管掛幾幅都沒關係。你可以掛海報或照片，只要是裝飾品，什麼都可以。

收納空間的內部，老實說是不受限的。沒有人會抗議，也不會被別人看見。收納空間的內部才眞正是只屬於自己的天堂，所以大膽地打造成你自己的風格也無妨。

衣服一買回來就馬上拆掉包裝和吊牌

在整理過程中，很不可思議的現象之一就是，維持原包裝、原封不動的庫存物品。如果是食品或衛生用品，那還說得過去，但襪子、內衣等衣物都未拆封就直接放進抽屜，到底是爲什麼？不但會發出沙沙的聲音，而且又占空間。雖然我這麼說很多管閒事，但實在讓我不禁要擔心：客戶會不會連自己有這樣東西都忘了。

如此說來，我的父親也是喜歡一次就買一大堆襪子。每次去超市買東西時，他都會買黑色或灰色、用來搭配西裝的襪子，然後連同包裝直接收納起來。除此之外，我也曾在衣櫃深處發現父親的基本款，也就是灰色毛衣。每次看到它們被包在嶄新的塑膠包裝裡時，我都會莫名地感傷。

我以爲只有我父親會這麼做，沒想到拜訪客戶家時，竟發現原來很多人都一樣。而囤積的物品，大概都是「自己的基本款」，其中最多的還是襪子、內衣、絲襪等消耗品。

但是，多數人的共通點就是庫存過多。不知道是不是因爲在未拆封的狀態下就直接庫存起來，所以無法產生擁有的感覺，明明先前買的庫存都還沒拆封，卻又再添購新的。**附帶一提，至今我看過包裝未拆封直接收納起來的絲襪庫存量，最高紀錄是八十二雙**。一整個透明的收納箱裡，全部都是庫存的絲襪。

的確，買回來直接就放進抽屜裡，是最輕鬆的收納方法。或許有人覺得要用的時候才拆封，比較有樂趣。

然而，我更想說的是，直到使用之前都未拆封、直接庫存在家的狀態，與要用時才去店裡買，這兩者的差異只在於庫存的場所是家中或店裡，其他根本沒有不同。雖然一般人容易覺得「在便宜的時候買多一點比較划算」，但其實恰恰相反。如果把折扣優惠的部分想成在你使用前請店家保管的倉儲費用，你不覺得其實在價格上沒有多大的差別嗎？而且，需要的時候再去買，然後馬上使用，就能在新鮮的狀態下使用到。所以今後請不要做無謂的囤積，每次要用時再買，**買完之後馬上從包裝裡拿出來再收納**。

如果你已經擁有大量庫存物品，至少請把未拆封就收納起來的東西馬上拿出來。

因爲衣物未拆封就直接收納，只有百害而無一利。最常見的就是未拆封就直接庫存起來的絲襪，現在請馬上把它拿出來。

爲了讓消費者看到絲襪的樣子，包裝中放進了能讓絲襪撐開的紙板，但在家中並不需要這部分。**把絲襪從包裝中拿出來，折疊後再收納，體積就能減至四分之一左右**。而且一旦取出之後，就會變得比較容易拿，才能更積極地運用。

我認爲，物品從包裝中取出之後，才眞正算是「買到了」。

還有一個和包裝同樣的例子就是，在上衣物整理課時，經常會發現許多裙子、羊毛衫上還吊著購買時的標價或是吊牌。

大部分的客戶忘記這些衣物的存在時，都會表現出許久不見的反應：「啊！我有這個啊？」

但這些衣服並非被收進衣櫃的深處，而是和其他衣服一樣都掛在吊桿上，可是他們往往視若無睹，到底是爲什麼？這是我長久以來的疑問。

於是，爲了弄清楚物品在還有吊牌的狀態，我觀察過百貨公司的服飾賣場。

在持續觀察幾次後，我終於發現家裡的物品與還在店頭販賣的物品之間的差異。被當作商品掛在店頭的物品，與掛在家中衣櫃裡的物品相比，「架子」明顯大了許多。做爲商品的物品，與以個人物品身分在家中工作的物品，所散發出的氣質就不同。標價還沒拆掉的衣服，看起來還留有一副「端架子」的感覺。

在我的感覺裡，擺在店裡的東西是商品，放在家裡的東西是「家裡的孩子」。如果吊牌一直沒有拆掉，物品就無法完全變成「家裡的孩子」。於是，比起一起掛在衣櫃裡、眞正「這個家的孩子」所散發出的光環，它們的氣勢明顯就是會輸了一截，也讓人容易忘記它們的存在。因此，它們的悲慘下場就是，在你選擇時比較不容易進入你的視線，不久之後就被遺忘。

不過如果拆掉吊牌，不穿時拿去二手店賣的價格不是會下跌嗎？千萬不該想這些有失風雅的事。請在購買、選擇時，就要有好好迎接它們來到自己家中、好好扶養的決心。

所以買回家之後，務必馬上拆掉吊牌。**因爲當物品從商品的身分畢業，變身爲自己家裡的孩子時，需要一個儀式，就是由你來把它和店裡連結的「臍帶」乾脆地切斷。**

別小看包裝貼紙所製造的「過剩資訊」

等到成爲整理高年級生時，已經大致通過了東西過多、收納法等問題的考驗，在難度水準上，開始轉爲追求更舒適的空間。但在我的客戶當中仍有一些人，家中已經非常整潔，乍看之下根本不需要再整理，卻還來上我的課。

K太太（三十多歲），家中還有先生與六歲的女兒，共三人。從小開始就喜歡整理，對於丟東西也不太感到抗拒，光是第一次上課就丟掉了兩百本以上的書，物品減量多達三十二個垃圾袋，算是相當優秀的資優生。身爲家庭主婦的K太太，平日生活重心以家事爲主，但每個月會舉辦兩次左右的茶會，參加的都是家裡小孩年紀相仿的媽媽朋友⑧，也會定期在家中主辦花藝教室，常有客人進出家中，因此連平日也盡量維持家中整潔，追求「隨時有客人來也不會感到丟臉」的目標意識也非常高。在兩房兩廳的家中，幾乎把所有的東西都收在原本就固定在牆上的衣櫃與壁櫥，以及兩個約一個人高的金屬層架，原木地板上沒有任何雜物，總是亮晶晶的。聽說交情好的媽媽朋友常說：「妳還想整理哪裡啊？」但她本人似乎還是有所不滿。

「東西雖然不多，但不知道爲什麼就是不舒服。有一種就差一點點的感覺，就是哪裡不太對勁。」

當我實際拜訪K太太家時，也眞的就如其他人所說的，的確非常乾淨，但總讓人覺得哪裡怪怪的，這種感覺到底是……

這種時候，我會檢查的是有門片的收納空間內部。當我打開主要的壁櫥時，果然如我所料，透明收納箱上貼著貼紙、整組的除臭劑的包裝、用來收納的紙箱……乍看之下沒有什麼不同，但上面全是「超強收納力」「瞬間！除臭」等，不管視線移往何處，全都是文字、文字、文字。

其實這就是「還差一步」的眞面目。因爲打開收納空間時，映入眼簾的「過多資訊」，會在房間裡製造出嘈雜的感覺。

尤其是字很多時，在打開門時映入眼簾，會讓人在無意間當成資訊來處理，在腦海中嗡嗡作響。以K太太爲例，就像是在選擇今天要穿的衣服，有人一直在她耳邊低語著「除臭」的感覺。而且最不可思議的是，不知道爲什麼，即便把收納空間的門片關上，也無法遮掩過多的文字資訊。這就是過剩資訊的可怕之處。因爲文字會變成聲音，然後像背景音樂一樣瀰漫整個空間。從經驗上來說，乍看之下很整齊，但就是覺得有點「嘈雜」的家庭，很多時候都是收納空間內充斥著過多無謂的資訊。愈是東西很少、整潔的家裡，「資訊的嘈雜感」就會愈明顯，所以格外讓人介意。

因此，請先把商品包裝上的貼紙撕掉。（和衣服的吊牌一樣，爲了歡迎物品從商品變成「家裡的孩子」，這也是必要步驟。）然後，如除臭劑、清潔劑等不太討人喜歡的包裝，也把外面的膠膜剝掉。

看不見的地方也是家中的一部分。透過減少不令人心動的文字資訊，家中整體氣氛就會一口氣變得安靜、沉穩。光是這一個動作，就會產生驚人的差異，所以實在沒有道理不做啊。

愈愛惜物品，它們就愈會「與你同一陣線」

在整理的課程中，我給客戶出的課題中有一項是「慰勞物品」。回到家後，把穿過的衣服掛在衣架上時，要對它說聲：「謝謝你今天也讓我很溫暖。」把身上的首飾摘下之後，要說聲：「謝謝你今天也讓我那麼漂亮。」把包包放回衣櫃裡時則要說聲：「託你的福，我今天在工作上也能有最好的表現，謝謝！」**就像這樣，好好地對每樣物品表達當天一整天受到它們支持的感謝之意**。就算沒辦法每天這麼做，偶爾慰勞一下它們也很重要。

我之所以開始像這樣覺得物品也有生命，其實是因爲發生了一件事。

念高中時，我第一次擁有自己的手機。當時的手機還是黑白螢幕，功能也非常簡單，只能打電話跟寄送電子郵件而已，但它淺藍色的小巧外形深得我心。雖然使用的頻率還不至於到所謂「手機依存症」的程度，但即使明知校規禁止帶手機上學，每天還是會隨身放在制服口袋，偶爾拿出來欣賞，並且不自覺地露出微笑。但隨著科技進步，手機轉眼間就進入了理所當然的彩色螢幕時代。儘管如此，我還是堅持使用黑白手機，但後來因爲手機外殼已經磨損，最終還是換了一支新的。

我手裡拿著新買的手機，突然想要試寄一封電子郵件給自己的舊手機。或許是因爲第一次換手機，所以心情有點興奮。我想了一下郵件的內容後，輸入了簡單的一句話：「這些日子以來謝謝你了！」再加上愛心的圖案，然後嗶一聲按下了傳送的按鈕。

緊接著，舊手機的來電鈴聲隨即響起，我馬上確認了電子郵件的內容。當然，與我剛剛輸入的文字完全相同。「嗯，確實收到了。一直以來，眞的很謝謝你。」我直接對著舊手機這麼說，說完後就把舊手機關上。

過了幾分鐘，我又試著把舊手機打開，不知道爲什麼，畫面是黑的。不管我按任何按鈕，它就是動也不動。結果，以前從來不曾故障的手機，在收完最後一封信後就完全不動了。我不禁覺得它簡直就像是覺悟到自己的任務已經結束，毫不戀棧地主動退隱一般。

當然，這或許只是單純的巧合，也或許有人不相信人與物品之間會心靈相通。

我們常聽說一流的運動選手會把自己使用的道具當做聖物般對待，細心地保養、愛護。我想他們一定也是很自然而然地就感受到這種物品的力量。若眞如此，那麼就算不是特殊的工作道具，不管是衣服、包包或是電腦，只要能夠愛惜平常所使用的每一樣物品，就好像是在平凡的每一天裡，一口氣幫自己找到了許多能替自己加油打氣的幫手一樣。

擁有物品，不僅限於特殊的比賽或勝負，是發生在日常生活中理所當然的行爲。

即便我們沒有特別意識到這一點，但物品眞的每天都拚命在爲擁有它們的主人完成各自的任務。

就和我們工作一整天後回到家時覺得鬆了口氣一樣，**物品只要回到自己平常在的場所就會覺得安心**。

居無定所是令人非常不安的事。我們每天能去公司上班、外出購物，與外面的社會來往，就是因爲我們有家。無論何時，家都在同樣的地方等待著我們。這個道理，對物品而言也是一樣的。

每天能夠回到相同場所的安全感，對物品而言也非常重要。

因此，確實擁有定位、能夠回到原位休息的物品，所散發出的光芒是不同的。譬如說，變得更懂得細心對待衣服的客人說：「衣服變得不再容易起毛球、自己也不再容易打翻茶水，衣服可以穿得更久了。」我認爲這類的意見之所以會不絕於耳，也都來自於**這些訣竅促使物品更有幹勁，想要支持擁有它們的主人**。

好好地愛惜物品，物品一定會有所回應。

我有時也會反問自己，收納方式是否讓物品覺得開心。

所以對我而言，收納就是決定物品居所的神聖行爲。

注⑥神札：由神社所發售的神符，通常被稱作「御札」，上面寫有神社名（神的名字），並蓋有神璽、宮司（神社內神職人員的最高負責人）之印，每年年末由神社重新發售、頒布，一般會將其安置於家中的神棚內，或是貼在門柱上，祈禱一年之內闔家平安、無病無災等。

注⑦能量景點：意指地球上能量集中的特殊場所，「靈氣」特別強之處，也可以理解為「聖地」或「氣場」，類似風水學中的「龍穴」。據說造訪能量景點，吸收當地的「靈氣」，能治癒身心、補充元氣，也有人認為可提升戀愛運、實現願望。

注⑧媽媽朋友：日本特有的名詞，指從懷孕時的媽媽教室，到孩子學會走路後在公園、托兒所或幼稚園等地方，透過年紀相仿的小孩而認識的媽媽們。

第 5 章

讓人生產生戲劇性變化的整理魔法

整理房間之後，才發現心中眞正的渴望

這世上有一種所謂「班長型」的人。會被冠上這個稱號的人，通常都具備領導能力、愛引人注目、受到大家的歡迎。那麼說到我呢？當然就是「整理收拾型」，不顯眼、只是默默地在教室角落一直整理著置物架等，通常都是有特殊愛好的人才會被冠上這樣的稱號。

這不是比喻，也不是開玩笑，我上小學後，第一次在班上擔任的職務就是「整理股長」。當生物股長和園藝股長的職務因爲太受歡迎，必須猜拳決定時，老師問：「誰想當整理股長？」卻只有我一個人得意洋洋地舉手大喊：「我！」當時的情況至今仍歷歷在目，但現在回想起來，原來從那個時候開始，整理基因就已經深植在我體內了。

於是，我輕輕鬆鬆地當上最嚮往的職務，往後的每一天，我就可以順理成章地整理教室裡的書櫃、置物櫃，開心地繼續整理收拾。就如前文曾經提過的一樣，每當提

到這些事時，就有人會對我說：「妳這麼小就明確知道自己喜歡什麼，我眞的好羨慕喔！」「我連自己喜歡什麼都不知道……」

但是，其實我自己是直到最近才發覺到原來自己那麼喜歡整理。

如今，我幾乎每天都會拜訪客戶的住家，或是到處演講，生活中清一色都是整理這件事，但其實我小時候的夢想是嫁人。整理對我來說就是日常生活，直到我實際自立門戶爲止，我根本不曾想像這會成爲自己的工作。因此當別人問我「興趣是什麼」時，我總感到困惑，迫不得已地回答「是念書」，卻總是不禁嘆息：「我究竟喜歡什麼呢？」

即便是關於整理股長的事，也並非一直都記得。眞的就是在整理房間時，突然想起：「啊！這麼一說，我第一次擔任的幹部，就是整理股長啊……」這才想起十五年前在小學教室所看到的黑板景象，同時也重新認識到原來自己從那麼久之前就開始對整理有興趣，連自己也感到非常新鮮與驚訝。

你不妨也試著回想小學時自己曾經擔任的職務，或是最喜歡的事。這件事可能是照顧小動物、畫畫，就算不完全是同樣的形式，但或許與你現在以爲理所當然的某件事是有所關連的。我認爲，**自己眞正喜歡的事物根源，就算時間流逝也不會改變。而**

且，整理絕對可以幫助你發現這個根源。

我的客戶裡有一位叫做小A的女孩，我和她自學生時代開始就非常要好。她就是一位原本在大型科技公司任職，但整理之後發現自己眞正喜好的人。

在整理結束後，她發現了一個事實，就是在只留下令她心動書籍的書架上，一字排開全都是有關社會福利的書籍。在踏入社會後買的英語教材和秘書檢定等證照考試用書都已經消失了，但國中時買的、有關社會福利的書卻留了下來。

她說因爲這個發現，她再度想起自己自國中開始到步入社會爲止，都一直從事保母工作的義工。「希望營造一個讓媽媽也能安心工作的社會」，她發現潛藏在自己內在的這份熱忱，在整理課程結束後的一年之間，一直努力準備與學習自立門戶所需的知識、技術，後來終於辭掉工作，設立了保母事業的公司。如今，她深受客戶信賴，一邊摸索一邊享受著每天的工作。

「整理之後，我發現了自己想要做的事。」

其實我不斷聽到客戶這樣的心聲。實際上，在整理課程結束之後，幾乎所有人都有了很大的轉變，無論是自立門戶、轉換工作跑道，對於一直以來的工作更加投入，對於工作有了某些意識上的改變等。當然，就算不是工作，無論是在興趣或家事上，每天生活中意識到自己「喜歡事物」的時間自然而然地增加，連平日的生活也都變得朝氣蓬勃。

爲了了解自己，在書桌前自我分析或是詢問別人當然也都是好方法，但我認爲整理是最快的捷徑。你擁有的東西，會正確地訴說你自己的選擇歷史。因爲，整理也是爲了發現自己喜歡事物的自我盤點。

讓人生產生戲劇性變化的「整理魔法」效果

「過去，我一直覺得爲自己增加附加價值非常重要，所以去參加各種講座，努力學習增長知識。但是，透過整理才終於發現，原來減法比加法更重要。」

這是一位M小姐（三十歲）說的話。她非常積極學習，在公司外部建立起規模龐大的人脈。她說在上過我的課之後，人生出現了一百八十度的大轉變。

她還說丟掉了「最丟不掉物品第一名」的東西，也就是大量的研討會教材後，心情如釋重負：在丟掉近五百本覺得有一天或許會重讀的書之後，則開始不斷地接收到新的資訊；在丟掉了大量的名片之後，想見的人開始主動與自己聯絡，於是自然而然地就見到面了。

她好像也很喜歡心靈方面的事物，但後來卻開心地對我說：「其實比起風水、能量商品等，整理的效果好多了。」如今她辭掉工作，也已經談定出書計畫，儼然一副朝嶄新人生勇往直前的樣子。

不光是她，整理之後，人生就會出現戲劇性變化的機率，可說是百分之百。這個被我稱為**「整理魔法」的效果，對人生造成的影響非常大**。我偶爾會詢問客戶本人在整理過後的變化，連我都會大吃一驚。雖然現在已覺得這樣的變化是理所當然，不再那麼驚訝了，但**「一口氣在短時間內徹底完成整理的人」的人生，一定會發生戲劇性的變化**。

M小姐的母親S女士，自小就一直叨唸女兒要整理房間，但她卻怎麼樣都整理不好。如今看到女兒房間裡的東西都不見了，S女士受到了很大的衝擊，於是也來上我的課。據說，S女士會來上課是因為她一直以為自己是會整理的人，但看了女兒的轉變之後，才發現並非如此。而且，她殷切盼望自己有一天能夠感受到丟東西的快感，能夠毫不吝惜地把價值兩萬五千日圓的茶具丟掉，還等不及希望不可燃垃圾的回收日趕快來臨。

「過去我對自己沒有自信，覺得我必須要改變的心情很強烈，但如今我開始覺得現在的自己很好。我認爲這是因爲我在判斷事物時開始擁有堅定的基準，所以建立起很大的信心。」

正如S女士所言，**「整理魔法」的效果之一，就是開始能對自己的判斷有自信。**觸摸每一樣東西，捫心自問：「是否覺得心動？」然後做出判斷，決定留下或是丟掉。

在整理過程中，透過重複這個瞬間幾百次、幾千次，判斷力自然就被磨練得愈來愈敏銳。

對於自己的判斷沒有自信的人，對自己也沒有自信。

想設法隱瞞什麼，我自己過去就是這樣。

而拯救這樣的我的，就是「整理」。

在「整理魔法」中孕育出人生的自信

我曾經思考過，爲什麼自己會那麼執著於整理這件事。我想，最初的原動力恐怕是來自於我希望受到父母關注，以及對於母親的特殊情結。

我是三兄妹中的老二，三歲之後父母就不再那麼關注我了。當然，我覺得我的父母並不是故意要這麼做，但夾在長男的哥哥與老么妹妹的中間，我就是不禁會那麼覺得。

我從幼稚園大班開始就對家事和整理感興趣，也因爲哥哥和妹妹都很讓父母費心，所以雖然年紀小，我還是提醒自己不要給父母添麻煩，從小開始就特別意識到，希望自己能在不麻煩別人的情況下生活。當然，也希望因此得到父母的稱讚，或是受到他們的關注。

我自小學一年級開始就會自己設定鬧鐘，是一個比大家還要能自己早起的孩子。討厭依賴、信任別人，也不擅長表達自己的心情。下課時總是獨自整理，用現在的標準來說，實在不算是個開朗的孩子。我喜歡一個人在校園裡閒逛，即使現在已經長大了，這個習慣也還是一樣。不管是旅行、逛街，基本上，一個人單獨行動對我而言已經是理所當然。

或許就是因爲這樣，我非常缺乏與他人建立信賴關係的經驗，也就變得異常執著於與物品之間的關係。**我討厭被別人看到自己脆弱的一面或眞實的心情，但在自己的房間或物品面前，卻能夠自在地做自己，所以就特別覺得它們是如此的可愛。**

在父母和朋友之前，更早告訴我無條件被愛和感謝等這些情感的，就是物品與家。

說實話，即使是現在，我也對自己沒有自信。我有時還是會因爲覺得自己還太年輕、經驗不夠，不足的部分太多，而對自己感到厭煩。

但是，我對自己的環境信心十足。

自己所擁有的東西，還有自己的家與周遭的人等，也就是自己所身處的環境，與別人相比，雖然沒有比較豪華，但至少對我而言，這一切都是我最喜歡、最可愛、最重要的東西，對於自己能在美好事物圍繞下生活，感到自信與感謝。

就是因爲這些能讓自己心動的物品與人群支持著我，我才會覺得自己沒問題。

如果有人和以前的我一樣，無法對別人敞開心房，對自己沒有自信，希望這些人能發現，身邊有物品和房間在支持你。我之所以每天都勤勞地去拜訪客戶的家，全心投入個人住家整理課程，就是希望能有更多人發現這件事。

是「對過去的執著」？還是「對未來的不安」？

「不心動的東西就丟掉。」

相信試過這個方法的人，都已經發現「心動」或「不心動」的判斷，其實沒有那麼困難。因爲在碰觸到物品的那一瞬間，心中的答案應該就已經揭曉。困難的是要做出「丟掉」的決定，因爲總是會有各種理由阻撓我們丟東西：

「這個烹飪器具雖然今年不用，但或許有一天會用到啊……」

「啊！是那個男朋友送我的首飾，當時我們感情眞好啊。」

但是，如果深入追究就會發現，無法丟東西的原因其實只有兩個，那就是「對過去的執著」與「對未來的不安」。

在選擇物品時，如果覺得「不心動，但是丟不掉」，請像接下來的方法一樣，先停下來思考一下。

「這是因爲『對過去的執著』所以丟不掉？還是因爲『對未來的不安』而丟不掉呢？」

對於每一項丟不掉的東西，思考是哪一個原因，就能掌握自己擁有一樣物品時的傾向。「啊！原來自己是『對過去執著型』，或原來自己是『對未來不安型』啊！」，也或許「兩種都是耶……」。

掌握「自己擁有物品的傾向」之所以重要，是因爲這往往代表了自己生命裡的價值觀。

擁有什麼東西，就等同於你的生活態度。而「對過去的執著」和「對未來的不安」，不僅可以了解你擁有物品的方式，還能從中發現你在做一切選擇時共通的原則滿如與人交往的模式，或是選擇工作的方法等。

舉例來說，對未來感到非常不安的女性，在選擇交往對象時，往往會因爲「和這個人交往或許會得到些好處」「和這個人分手之後，可能就再也找不到比他好的人了」之類的理由，選擇和不喜歡的人在一起，而不是因爲「我好喜歡這個人，和他在一起的時候覺得很舒服」而和對方交往。在選擇工作時，不是因爲「我喜歡這份工作」「我想做這份工作」，而是以「如果進了這家大公司，將來跳槽也比較容易吧！」「只要取得證照就可以安心了」等理由來選擇公司或工作。

而對過去非常執著的人，常常會說「還忘不了分手兩年的戀人」，然後遲遲無法進入下一段新關係，或是明明已經發現工作遇到了瓶頸，但仍堅持「我就是靠著以往的方法成功的」，而不願改變作法。

像這樣，被「對過去的執著」和「對未來的不安」困住時，也就是無法丟東西的時候，通常就是一種看不清「現在對自己而言什麼是必要的？如果擁有什麼，就可以獲得滿足？自己在追求什麼？」的狀態。**因爲看不清對自己而言必要的東西或自己追求的東西，所以才更容易在不知不覺中增加了不需要的東西，讓自己無論在物質上或精神上，都不斷地被不需要的東西所淹沒。**

那麼，該怎麼做才能釐清「現在對自己而言必要的東西」呢？到頭來，還是得要丟掉不必要的東西。**不必到遠處去尋找，也不必買新的。只要眞心地面對自己所擁有的東西，減少不需要的東西即可。**

一邊面對自己所擁有的物品，一邊丟掉，老實說是非常痛苦的作業。因爲在這個過程中，你不得不承認自己過去的愚蠢、糊塗、無聊、缺點。

我自己也在丟東西的過程中，好幾次與自己的過去面對面，體驗了恨不得想找個地洞鑽下去的羞愧與後悔。小學時收集的大量香水橡皮擦、國中時著迷的動畫周邊商品、高中時逞強買下卻完全不適合自己的衣服、明明不需要卻因爲貪戀買下那一瞬間的虛榮而買下的包包……

「啊！原來我過去浪費了這麼多錢啊！」「眞對不起爸媽啊！」「原來就是這些一直沒用的東西占據了房間重要的空間啊！」數不清有多少次，我都在垃圾袋前如此地絕望過。

即使如此，東西存在是不爭的事實。東西之所以在那裡，就是自己選擇所造成的結果，不能怪別人。最危險的是，明知這些東西的存在，卻裝作沒看見，彷彿像否定自己的選擇一樣，粗魯地把東西丟掉。**因此，我很反對無意義地囤積東西，也反對「總之想都不想就丟」的想法。我認爲，唯有一一面對每一項物品，好好體驗其中的情感之後，才能眞正消化與物品的關係**。

對於現在所擁有的東西，我們所能選擇的路有三條。

現在就面對、總有一天會面對、到死都不面對。要選擇哪一條路，雖然是你的自由，但我絕對建議各位「現在就面對」。

透過物品，去面對自己「對過去的執著」和「對未來的不安」，就能看清對現在的自己而言真正重要的東西，然後價值觀就會變得更明確，今後面對人生選擇時的猶豫自然就會減少。

如果能夠毫不猶豫地投注熱情在自己所選擇的事物上，應該就能達到更大的成就。

換句話說，如果能夠愈早開始面對物品當然愈好。如果你要開始整理的話，就是現在。

丟掉雜物，找回人生決斷力

一旦開始整理，垃圾袋就會接二連三地不斷出現。最近開始聽到來參加整理講座的人或客戶互相報告「我今天丟了幾袋」「竟然出現這樣的東西」。

附帶一提，客戶當中至今整理出垃圾袋的最高紀錄，夫妻兩人合計兩百袋。除此之外，裝不進垃圾袋的大型垃圾更超過十樣以上。如果你聽到這個紀錄時，覺得「他們家的收納空間可眞大啊！」或「究竟是什麼樣的垃圾屋啊……」，那就太天眞了。實際上，當我說出這個數字時，幾乎所有人都會事不關己般地驚訝、苦笑，但其實這對夫婦的家既不是垃圾屋也不是豪宅，眞的就是一般住家而已。我第一眼看到的印象，也頂多是東西很多、亂七八糟而已。兩層樓的獨棟住宅，有四個房間，還有一個已經變成儲藏室的閣樓。面積或許的確比一般人家稍微大一點，但絕非會讓人大吃一驚的程度。換言之，每個人的家裡都有可能整理出一樣多的東西。

在協助整理的過程中，我請客戶丟掉或捨棄東西的數量，老實說絕不是個小數目。四十五公升的垃圾袋二、三十袋是理所當然，獨居的人平均超過四十袋，三人家庭的話，隨隨便便就能整理出將近七十個垃圾袋。**截至目前爲止，合計超過兩萬八千袋，以物品數量來計算的話，應該已經請客戶丟掉一百萬件以上的東西。**

然而，儘管已經減少了這麼多東西，客戶卻從未對我抱怨：「因爲妳叫我丟，所以我才丟的，誰知後來會有麻煩。」

理由之一非常明確，就算把不心動的東西全部丟掉，眞的也不會造成任何困擾。整理完畢後，所有客戶都對這一點感到非常震驚，由於對生活沒有造成什麼困擾，所以更深感過去自己眞的是被不需要的東西所包圍。這個結果，連物品減量高達五分之四的人都不例外。

當然，實際上丟掉東西之後，不可能完全不後悔地說：「那個丟掉了啊……」甚至要有心理準備，這種情況至少會發生三次以上。或許有人聽到這會覺得不安，但請別擔心。

即便如此，我還是沒有接到任何客訴。這是因爲客戶都親身體會到「就算沒有東西，只要有所行動，大部分的事都能解決」這個道理。客戶在訴說「不小心丟掉的東西」時的共通點就是都很開朗，絕大部分時候，他們都只是笑笑地說：「哇——就算一瞬間會不知所措，但還不至於到要人命啦！」這不是因爲客戶原本就很開朗，也絕不是因爲客戶對於東西不見時所產生的痲煩，處理態度變得隨便所致。剛好相反，正因爲丟了東西，所以意識才發生了變化。

比如說，後來才發現需要某一份已經丟掉的文件時。首先，由於持有的文件本身很少，所以不必在家中翻箱倒櫃，也明白知道「就是沒有」。**這個因爲「不需要尋找」，進而減輕壓力的效果是不可估量的**。亂成一團的狀態之所以腐蝕人心的理由之一，就在於不知道東西到底在哪裡，所以不得不找，可是卻再怎麼找都找不到。

但如果只有一個文件放置的場所，你馬上就會知道自己有沒有這份文件。當發現沒有時，就想開一點，馬上將思緒切換爲「那麼，接下來該怎麼做才好？」。問朋友、詢問公司、自己查。由於自己手邊什麼都沒有，在想到幾個方法之後，只能付諸行動，才會因此發現大部分的事都出乎意外很輕易地就解決了。不會承受花了時間尋找卻找不到的壓力，反而還能從重新調查中發現新的資訊，或是因此和友人聯絡而增進友誼，又或是友人得到熱心相助：「如果是關於這件事，我可以幫你介紹更了解詳情的人喔！」然後認識了新的朋友等，很多時候都可以獲得意想不到的附加價值。

在反覆經歷這種經驗後，你就會開始明白，只要付諸行動，就一定能在必要時得到對自己相當重要的資訊。

這種「就算沒有東西也總有辦法」的感覺，一旦體驗過了，一下子就會變得輕鬆許多。

另一個不會發生客訴的原因，**就是透過不斷地丟東西，就不會想再把判斷的責任交給別人**。換句話說，在發生問題時，不再覺得「那個時候，那個人這麼說……」，而想把原因歸咎於外部。開始能夠覺得一切都應該靠自己的判斷，重要的是現在該如何行動。

因爲，丟東西這件事是以自己的價值觀做出判斷的一連串經驗。**透過丟東西，可以磨鍊出一個人的決斷力。因爲不丟東西、囤積東西，而錯失了培養決斷力的機會，你不覺得很可惜嗎？**

實際上，當我拜訪客戶家時，我都不丟東西，所有的最終判斷都交由客戶自己決定。如果在這個時刻由我「代替」客戶丟的話，那整理就失去了意義。

換言之，透過丟東西、整理，意識自然會產生明顯的變化。

你有和你的家打招呼嗎？

我到客戶家拜訪時做的第一件事就是「和屋子打招呼」。在屋子正中央處附近跪坐下來，輕輕地和屋子說話。先簡單介紹自己的名字、住址和職業，說些類似「希望能營造出一個讓佐藤小姐一家人更幸福生活的空間」的話，然後再敬個禮。客戶們總是一臉不可思議的注視著這兩分鐘的沉默儀式。

這個致意的習慣，是以參拜神社時的作法爲基礎，自然而然發展出來的。我自己也不太確定是從什麼時候開始有這個習慣。不過，我想會開始這麼做，是因為我發現到，打開客戶住家大門時的緊張感，與從神社的鳥居下走過時的神聖感覺很類似。或許有人認為打招呼只是自我安慰而已，但做或不做，在整理的速度上眞的有差。

順帶一提，在進行整理作業時，我從來不穿運動服之類的作業服，通常都是穿著洋裝加上短外套。雖然偶爾也會穿上圍裙，但我認為款式比實用性更重要。客戶往往會很驚訝：「穿這麼正式的衣服不會弄髒嗎？」但我都以這樣的打扮移動家具或是跳上廚房的流理台，大動作地進行整理，也完全沒有問題。因為我認為，**整理就是為了慶祝要離開這個家的物品即將展開新生活的節慶，所以不知不覺就會想做正式的打扮**。

以正式的打扮向屋子表達敬意、打完招呼後開始整理，就覺得屋子會告訴我，為了讓住在裡面的人生活得更舒適，應該把什麼東西丟掉，還有什麼東西該擺在哪裡。所以在決定物品定位時，也能夠順利地一下子就決定，且毫不猶豫地進行整理。

或許有人會說：「那是因為麻理惠老師是整理專家，所以才做得到。我根本就聽不到屋子的聲音，更沒有辦法一個人整理。」

但其實最了解物品與屋子的，就是它的主人。我的客戶也隨著課程的進展，逐漸變得自己能夠順利整理，他們都表示「開始能夠明確地看清該丟什麼東西」「自然而然就知道物品的擺放位置」。

爲了能夠及早掌握這種感覺，有一個秘訣，那就是回家時對屋子說聲「我回來了」。這是我給來上個人課程的客戶的第一個課題。就像和家人、寵物說「我回來了」一樣，也要特別向屋子說一聲。當然，如果回到家時忘記馬上說，也沒關係。你突然想起時，就請對記得對屋子說一聲「我回來了」或「謝謝你總是守護著我」。如果不好意思發出聲音，在心中默唸也可以。

在反覆做這個動作一陣子之後，就會發現屋子會對自己說「我回來了」的聲音有所回應。就好像吹來一陣輕柔的風一般，你會感受到屋子的喜悅，然後慢慢地就會明白，它希望你整理哪裡、希望你把什麼東西放在哪裡。

一邊和屋子溝通，一邊整理。這聽起來似乎像是有點過於夢幻、不切實際的想法，但其實如果略過了這一步，整理就無法順利進行。**本來，整理就應該是在人、物與家之間取得平衡的行爲**。但過去的整理法即使強調物品與自己的關係，卻似乎不太考量到家的存在。

我之所以對於屋子有強烈的感覺，是因爲每當我拜訪客戶家時，每一間屋子都

在訴說著它們有多麼重視住在裡面的人，總是在同一個地方等著我們、守護著我們。不管自己辛苦工作到多麼疲憊不堪的狀態，家總是撫慰我們的心靈。相反地，就算我們光著身子在地上滾來滾去，賴皮地說：「我今天不想工作！」家也會溫柔地說「好」，包容我們。再也沒有什麼比家更寬容、更溫暖了。所以，我覺得所謂的整理，應該是一種回報，報答家總是支持自己的恩情。

請試著用怎麼做屋子才會開心的觀點來整理看看，你一定會很驚訝，這麼做之後，整理起來就會更毫不遲疑。

你擁有的物品，想幫助你更幸福

這一路以來的人生中，我已經把半數以上的時間都花費在思考整理這件事上。

即便現在，我還是每天都到客戶家拜訪，面對客戶家中大量的物品。除了壁櫥裡面，連抽屜都要一一檢查，恐怕沒有一個職業會像我的工作一樣，會在「赤裸裸的狀態」下看到陌生人所有的物品吧。

即使參觀過這麼多家庭，但理所當然地，也從未遇到任何在所有物或興趣上完全相同的人。不過我卻發現，家中所有物品的共通點，其實只有一項。

你覺得現在在你房間裡的東西，爲什麼會在那裡呢？

「因爲我選擇了它們」「因爲我需要它們」「因爲接二連三偶然的機緣」。當然，這全都是正確答案。

我認爲，家中所有物品都想幫助你。

過去，我在整理過程中認眞檢視過房間裡數百萬個物品，所以我可以斷言，無一例外。

雖然似乎是理所當然，但你不覺得這些東西在自己的家裡，是非常難得的緣分嗎？譬如一件襯衫，就算是工廠大量生產的襯衫，但你在那一天、那家店裡買回家的襯衫，在這世界上只有這一件。

與物品的緣分，和人與人之間的緣分一樣，珍貴且難得。

因此，這樣東西會來到你的房間，一定代表了某種意義。

我這麼一說，一定有人就會說：「那這件衣服長久以來都皺巴巴地放在那裡，不知爲什麼看起來就是帶著怨氣。」「如果東西不用的話，好像會受到詛咒。」

然而以我的經驗來說，眞正沒有看過任何一個所謂「帶著怨氣」的東西，那只是所有人源自於罪惡感的自我感覺而已。那麼，房間裡那些「你『不心動』的東西」是怎麼想的呢？它們只是純粹地「想到外面去」而已。因爲物品本身比誰都清楚，它身在衣櫃裡的這個地方，並沒有讓「現在的你」變得幸福。

所有東西都想要對你有所幫助，即使被丟掉、被燒掉了，都還會留下「想對你有所幫助」的能量。轉化爲能量、重獲自由的物品，一邊讓周圍的人知道「有一位叫做○○小姐是很棒的人喔！」，一邊漫遊世界。然後，變身爲對「現在的你」而言最有幫助、最能讓你幸福的東西，再回到你的身邊。

譬如說衣服，或許有時會變成一件漂亮的新衣服回到你身邊，有時候也可能轉換形成，變成資訊或一段關係再回到你身邊。

我可以斷言，將會有和你放手的一樣多的東西回到你的身邊。不過，這只發生在物品覺得「好想再回到你身邊啊！」的時候。

因此，丟東西時，不要覺得「啊～這完全都沒用過啊！」或「完全都沒用過，眞對不起」，而要以「謝謝你與我相遇」「慢走！要再回來喔！」的心情，朝氣十足地送走它們才對。

現在，請把已經讓你不心動的東西都丟掉。因爲對物品而言，這可說是邁向新生活的一種儀式，請一定要爲它們的新生活寄予滿滿的祝福。

我認爲，物品不光只在你得到的時候光采奪目，在被丟掉的時候更是閃閃發光。

房間潔淨，身體也跟著清爽了起來

在進行整理的過程中，常常會聽到客戶說「我變瘦了」「肚子好像小了一圈」。**雖然聽來不可思議，但把東西減量後，身體不知是否因爲對家的排毒有所反應，也跟著出現了排毒效果。**

尤其是一整天下來，一口氣就丟掉四十個垃圾袋時，身體通常會出現一些變化，譬如短暫的腹瀉或是皮膚長出疹子等，彷彿就像經歷了小型的斷食一樣。這並不是什麼壞事，而是因爲過去累積在身體裡的毒素一口氣排出所產生的現象，過兩天就會復原，甚至還會通體舒暢，皮膚也會變得光滑。某位客戶就曾告訴我，當他丟掉了共計一百袋放在壁櫥和儲藏室裡的雜物後，馬上經歷了痛快的腹瀉，然後整個身體變得輕盈了起來，眞是令人不敢置信。

「整理之後會變瘦」「丟東西後，皮膚就變好了」，**乍看之下像是誇大的廣告說辭，但這些未必是謊言**。雖然這些案例無法在「全能住宅改造王」裡介紹給大家，但實際上，我的客戶隨著房間變乾淨，外在印象也明顯地變得清爽，皮膚的光澤和眼神散發出的光芒也都變得更閃閃動人。

在剛開始這份工作的時候，我也感到非常不可思議。但仔細想想，這並非難以置信的事。雖然這只是我個人的假設，但這樣的情況應該是因爲以下的原理吧。

首先，整理之後房間的空氣自然就會變得乾淨。因爲只要東西變少，堆積在房間裡的灰塵就會減少，而這當然是因爲打掃的頻率提高了。當地板重見天日後，只要有灰塵就會很顯眼，還有因爲變得容易打掃，所以自然而然就會更勤勞地擦地或吸灰塵。當房間的空氣變乾淨時，皮膚就會變好。而俐落地活動身體打掃，減肥效果自然指日可待。

而且，達到整理徹底完成的狀態時，就不用再想整理的事，所以對人生而言重要的、接下來的課題，自然也會變得明確。由於許多女性都想減肥，她們應該就能專注在這件事情上，不知不覺中增加走路的距離或減少食量，開始採取許多減肥所需的行動。

不過，最大的原因或許是因爲「明白了什麼叫做足夠」。整理之後，很多人都說他們「物欲降低了」。過去就算擁有再多衣服，也都會覺得「今天沒有衣服好穿」，總是覺得不滿足，但經過整理只留下令自己心動的東西之後，就開始覺得自己需要的東西都已經很齊全。

無論是囤積東西或吃東西，都和塡補「不滿足」的欲求沒有什麼不同。因爲無論衝動購買和暴飲暴食，也都只是消除壓力的手段之一而已。

附帶一提，丟掉衣服後腸胃就會通暢；丟掉書和文件時，腦袋就會變得清楚；減少化妝品等東西，讓洗手台或水槽附近變整齊後，皮膚就會變得光滑，這些是我在過去經驗中所觀察到的改變。雖然沒有科學根據，但總覺得和丟掉東西相同的部位會有所反應，也眞是有趣。

整理讓房間變整潔之餘，順便也能讓自己變漂亮，還有減肥的效果。這麼好的事要到哪裡找啊！

「整理之後運氣就會變好」是眞的嗎？

「整理房間運氣就會變好，是眞的嗎？」

因爲風水熱潮的影響，經常有人會問我這個問題。所謂風水，是指透過整理身邊的環境來提升運氣的開運法，日本約在十五年前開始流行，如今已經相當廣爲人知。話說回來，應該有很多人也是因爲風水才開始對整理感興趣的吧！

我雖然不是風水專家，但我視風水爲整理研究的一部分，所以曾經大致學習過有關風水的基礎知識。

要相信或不相信運氣是否會變好，是個人的自由，但自古以來就有很多人在生活中應用方位學與風水的知識。而我也活用這種先人的智慧，並實踐在整理當中。

舉例來說，要把折好的衣服收進抽屜裡時，我會把直立起來的衣服按照顏色深淺排列。**具體來說，正確的收納方式是，在抽屜前方靠近自己的部分擺放顏色較淺的衣服，愈往深處顏色就愈深**。姑且不論這是否能夠提升運勢，但拉開抽屜時光是看到衣服整齊地按照顏色深淺排列，任誰都會心情變好。而且，顏色較淺的收納在比較靠近自己的一邊，不知爲何就是會讓人覺得沉穩平靜。

換句話說，就是要把自己身邊的環境稍微整理得舒適一些，增加每天心動的感覺，這才是整理的奧義。像這樣在平常的生活當中，讓自己心動的事物變多時，或許就可說是運勢上揚吧！

構成風水的基礎，就是所謂陰陽五行的想法。歸根究柢，即爲「物品裡存在著不同的氣」。而源自於陰陽五行的風水，就是「因爲物品裡分別存在不同的氣，所以也請用符合各別屬性的方法來對待它們」。這不過是在說一個非常理所當然的道理，難道只有我一個人這麼覺得嗎？換句話說，風水的基本概念就是，請遵循自然法則生活。

我認爲，整理的目的也與這不謀而合。

我認爲，整理眞正的目的，就是在極端自然的狀態下生活。**因爲，你難道不覺得，擁有不心動或是不需要的東西，其實是非常不自然的狀態嗎**？只保有心動、必要的東西，才是自然的狀態。

所以我覺得透過整理，人能夠以最自然的狀態生活。選擇對自己而言心動的東西，珍惜對現在的自己而言眞正重要的東西。能夠理所當然地做到這麼理所當然的事，就是無上的幸福。若說這就是所謂的開運，那我敢肯定地說，整理就是實現這個願望最好的方法。

如何分辨「眞正重要的東西」？

有時候，當客戶面對堆積如山的物品，做完「留下」或「丟掉」的判斷之後，我會重新從「留下」那一區裡挑出幾樣東西。然後再問一次，「這個和這個，還有這件T恤和這件針織衫，眞的讓你心動嗎？」，這時客戶往往都會大吃一驚。

「妳怎麼知道？其實那些全都是我非常猶豫要不要丟的東西。」

當然，我並不了解衣服本身設計的好壞，也不是單純因爲它舊了所以選它。但是，只要觀察客戶在選擇物品時的動作，其實就大概能夠知道。把東西拿起來時的手勢、觸摸到的瞬間眼神露出的光芒、判斷時的速度。因爲在選擇打從心底覺得心動的東西和有所猶豫的東西時，神情完全不同。

面對眞正心動的物品時，判斷的速度很快，拿取東西時指尖的動作非常輕柔，注視物品的眼神隱約閃耀光芒。而拿到不心動的物品時，一瞬間手會停住，歪著頭，皺起眉頭左思右想之後，砰地一聲像用丟的一樣放進「留下」的區域裡。這種時候，無論在眉間或嘴角都帶著一絲沉重。

心動的感情會表現在身體上，我絕不會錯過這個部分。

不過說實話，就算我沒有看到客戶正在選擇時的樣子，也能知道哪些東西讓主人「對是否心動感到猶豫」。

在我的課程中，每次拜訪客戶家之前，都會先上一堂「麻理惠整理魔法」的一對一教學。光是上了這堂課，客戶就會受到相當大的衝擊，因此幾乎所有客戶都會提早開始投入整理的作業。

其中有一位客戶A小姐（三十歲），在我第一次拜訪她家前，就已經丟掉五十袋東西，是個相當優秀的好學生。展示她的衣櫃時，也自信滿滿地說：「我家已經沒有任何要丟的東西了喔！」的確，當初來上課時給我看的照片裡，隨便放在五斗櫃上、還是維持脫下時樣子的毛衣，已經確實收起；掛滿洋裝、彷彿快要爆炸的吊衣桿上，也出現了一些空隙。

儘管如此，我還是從掛得滿滿的衣服裡拿出了咖啡色短外套與米色襯衫這兩件衣服。這兩件衣服的狀態都還很好，但看起來也不像沒有穿過，在條件上和其他的衣服沒有什麼兩樣。

「妳眞的對這件覺得心動嗎？」

當我這麼一問，A小姐突然臉色一變。

「這件短外套，款式我非常喜歡。其實我當初想要的是黑色，但已經沒有我的尺寸了……不過我沒有咖啡色的外套，想說偶爾買一件也沒關係，所以就買了。不過，穿的時候果然還是覺得不適合，其實就只穿了幾次。」

「這件襯衫，不管是款式或質地都讓我一見傾心，其實同樣的我買了兩件。因爲太常穿了，其中一件都已經穿壞了，但不知道爲什麼從那之後，就沒有伸手去碰另外一件了……」

我沒有看過她怎麼對待自己的衣服，當然也不知道她買衣服時的樣子。我所做的，就只有觀察她掛在衣櫃裡的衣服而已。

聚精會神地注視一樣東西，就自然能夠明白它是否讓主人心動。這就和誰都看得出來戀愛中的女人與平常不同，是一樣的道理。當女人擁有深愛的人時，除了接受對方的愛之外，自己被他人所愛的自信，還有爲了對方努力想要變漂亮的心情，都會化爲能量，讓肌膚變得更有光澤，眼神也散發出光芒，然後變得愈來變漂亮。**物品也一樣，當它們接收到主人充滿感情的視線，被細心地對待時，它們就會充滿能量，「爲了這個人，我要更努力地完成自己的任務」，然後一天比一天散發出更耀眼的光芒。**

眞正重要的東西就會閃閃發光。所以，一眼就能明白當事人是否眞的心動。心動的眞心話，會蘊含在所有人的身體，也會蘊含在物品本身，所以更加無法矇騙別人。

在心動的物品圍繞下，幸福人生就此展開

每個人都有一些東西，別人看了不禁要懷疑「爲什麼有這種東西？」，但對自己而言，怎麼看都很心動、捨不得丟掉。

我每天都能接觸到各式各樣的人，和他們所擁有「對自己而言重要的東西」。當遇到這種難以理解的物品時，我總是不禁在心中吶喊：「哇！來了！來了！」十根手指頭上都只貼著不同模樣眼珠的手套玩偶，已經壞掉的、過去森永巧克力玩偶

boobow造型的鬧鐘，怎麼看都只覺得是木屑的漂流木收藏……

每當我困惑地問：「這、這讓你心動嗎？」客戶不加思索地馬上回答：「心動！」那閃亮又真誠的眼神，讓我無法再說些什麼，因爲我也擁有相同的東西。

對我來說，那就是「森林小子」（kiccoro）的T恤。相信已經有人想起來了，森林小子就是二〇〇五年愛知萬國博覽會「愛．地球博覽會」的官方吉祥物。雖然綠色的森林爺爺（morizo）比較搶眼，但森林小子就是他身旁那個黃綠色、小小的、圓滾滾的生物。我有一件只印有森林小子臉部表情的T恤當作家居服，就算別人說：「妳怎麼有這個？不覺得不好意思嗎？趕快丟掉啦！」「少女形象會幻滅喔！」我也不會丟掉這件衣服。

說實話，我的家居服都有很可愛的圖案。有蛋糕層次的粉紅色細肩帶背心、棉質碎花上下一整套的家居服等，其實我每天在家穿的都是「少女風格」的家居服。

唯一的例外就是這件森林小子的T恤，雖然整件衣服就如同Gachapin⑨一樣，是醒眼的黃綠色，肚子附近只畫了兩個點，是森林小子的眼睛，再加上一個像銅鑼燒形狀半開的嘴巴，怎麼看都是惹人憐愛的療癒系小傢伙。

而且標籤上寫著一百四十公分，根本就是小孩的T恤尺寸。愛知萬國博覽會是在二〇〇五年舉辦，所以我穿這件衣服也超過五年了，更何況也不是因爲愛知萬國博覽會本身對我而言有什麼特別的回憶。光是寫出這些就夠讓我害臊了，雖然我也很擔心自己怎麼會有這麼莫名其妙的東西，但一看到實物時還是捨不得丟掉。森林小子圓滾滾的眼睛，實在讓我心動不已。

我的收納方式就是，只要打開抽屜就可以一眼明白哪裡有什麼東西，所以當「少女系」家居服優雅地排在一起時，森林小子T恤格外突出的模樣，就更惹人憐愛。重點是，這件衣服已經穿了五年，卻完全沒有鬆垮變形，也沒有任何污痕，也讓我更加沒有丟掉的理由。心中不禁佩服：眞不愧是日本製，但看了標籤後才發現是外國製。讓我一瞬間忍不住抱怨，這是日本萬國博覽會的官方週邊商品，好歹也該是日本製才對吧！但即便如此，我還是捨不得丟掉。

所以，這種東西還是光明正大地留下來吧！**不管別人怎麼說，我就是喜歡！我喜歡擁有這東西的自己！如果你能夠毫不猶豫地說出這些話，就可以對別人「什麼啊！怎麼會有這種東西啊……」的眼光完全置之不理**。

說眞的，我實在沒辦法讓別人看到我穿森林小子T恤時的樣子。但偶爾把它拿出來觀賞時，我還是會忍不住一個人「呵呵呵」地傻笑，或是穿著它打掃時，和肚子上的森林小子一起汗流浹背，然後想著「接下來要掃哪裡呢？」……這件衣服的存在，就是爲了帶給我這些小小的心動時刻。

對於每一樣自己所擁有的東西，都能毫不猶豫地覺得「我好喜歡！」，而且在它們的環繞下生活，我認爲這就是人生最大的幸福，你也想擁有這樣的幸福嗎？只要把不是這樣的東西丟掉就好，再也沒有比這更簡單就能滿足心靈的方法了。

如果這不叫「整理的魔法」，那究竟該叫什麼才好呢？

眞正的人生，從「整理之後」開始

到目前爲止，我寫了那麼多關於整理的事，但其實不整理房間也沒什麼關係。因爲，不整理也不會死啊！

實際上，這世上應該有很多人根本就不在乎自己到底會不會整理。但是，那種人應該連這本書都不會拿起來看吧！

因爲某種緣分而拿起這本書的你，一定有相當強烈的意識，想要改變現狀、想要重整人生、想要發光發熱、想要改善現在的生活、想要變得更幸福。

我保證，這樣的你絕對能夠變成會整理的人。

當你想要整理，然後拿起這本書時，你已經踏出了第一步。如果你已經讀到這裡，相信你也已經明白自己接下來該做什麼。

人無法重視、珍惜那麼多的東西。像我就是個超怕麻煩又糊里糊塗的人，根本沒辦法好好愛護大量的物品。因此，我才想至少要能夠珍惜對自己而言重要的東西，所以這一路以來都如此執著於整理一事。

不過，我覺得整理房屋最好要迅速完成，因爲整理並不是人生的目的。

「整理是每天都必須做的事，是一生都會跟隨著我們的事。」請趕快從這樣的想法中覺醒吧。我敢斷言，整理是可以一口氣在短時間內徹底完成的。只要「判斷該丟該留」，以及「珍惜決定留下的東西」，就能一次徹底地完成整理，一輩子都在自己心動的物品圍繞下生活。

對整理懷抱高度熱忱，像我一樣眞正對整理本身感到心動，想藉由整理改善這世界的人，才需要像這樣一年到頭都在思考整理的事，而且只要有極少數這樣的人就夠了。

請你把更多的時間和熱忱，投注在「眞正心動的事」上。

或許，那也可以說是你的使命。

我想大聲地告訴大家，整理非常有助於找出讓你打從心底心動的使命。

所以，眞正的人生在「整理之後」才開始。

注⑨ Gachapin：日本富士電視台兒童節目《Hirake! Ponkiki》中出現的造型玩偶，據說是出生於南方島嶼恐龍的後代，年齡永遠都是五歲。

〈結語〉

整理魔法，讓你的每一天閃耀光芒

前幾天，我因爲整理過頭，被送進了醫院。

早上醒來之後，從頭部到肩膀完全不能動，根本無法下床。不知道是因爲在客戶家一直仰頭看著壁櫥上方櫥櫃的關係，還是因爲搬了太重的東西。雖然無法確定原因，但因爲我的生活中只有整理，所以也想不到其他原因。會在病歷上寫「整理過頭」的病人，相信無論是在過去還是未來，全日本也只有我一人吧！

即便遇到這種慘事，當脖子終於可以動時，我第一件想到的事還是：「終於能繼續指導客戶整理，太幸福了……」這是因爲我的腦袋裡有百分之九十都被整理給占據了。

把任務結束的東西一個接一個地送到外面的世界去，那種好像畢業典禮般的感動。當一下子就決定東西該回歸的場所時，那種有如命中注定的心動。還有最重要的是，整理過後的房間裡飄散著清新的空氣。

我之所以寫下這本書，就是想讓更多人知道，整理魔法能夠讓你用自己的力量，把理所當然的每一天都變得閃閃發光。

由衷感謝Sunmark出版的高橋先生，我的家人、各方人士、物品，還有我的家，在我寫這本書的時候，給除了整理之外什麼都不會的我最大的支持。

希望有更多人能夠靠著整理魔法，在最喜歡物品的圍繞下，度過心動的每一天。

The Eurasian Publishing Group 圓神出版事業機構 用心與你對話・視野無限寬廣 方智出版社 Fine Press

http://www.booklife.com.tw reader@mail.eurasian.com.tw

方智好讀 005

怦然心動的人生整理魔法

作　　者／近藤麻理惠
譯　　者／陳光棻
發 行 人／簡志忠
出 版 者／方智出版社股份有限公司
地　　址／台北市南京東路四段50號6樓之1
電　　話／（02）2579-6600・2579-8800・2570-3939
傳　　真／（02）2579-0338・2577-3220・2570-3636
郵撥帳號／13633081　方智出版社股份有限公司
總 編 輯／陳秋月
資深主編／賴良珠
責任編輯／柳怡如
美術編輯／劉嘉慧
行銷企畫／吳幸芳・陳姵蒨
印務統籌／林永潔・高榮祥
監　　印／高榮祥
校　　對／賴良珠・張瑋珍
排　　版／陳采淇
經 銷 商／叩應股份有限公司
法律顧問／圓神出版事業機構法律顧問　蕭雄淋律師
印　　刷／祥峯印刷廠
2011年11月　初版
2024年1月　98刷

JINSEI GA TOKIMEKU KATADUKE NO MAHOU
Copyright © 2011 by Marie Kondo / KonMari Media Inc. (KMI).
This translation arranged through Gudovitz & Company Literary Agency and The Grayhawk Agency.
Complex Chinese edition copyright © 2011 by Fine Press, an imprint of Eurasian Publishing Group.
All rights reserved.

定價 250 元　ISBN 978-986-175-247-1 版權所有・翻印必究

◎本書如有缺頁、破損、裝訂錯誤，請寄回本公司調換　Printed in Taiwan

你本來就應該得到生命所必須給你的一切美好！

祕密，就是過去、現在和未來的一切解答。

——《The Secret 祕密》

想擁有圓神、方智、先覺、究竟、如何、寂寞的閱讀魔力：

- 請至鄰近各大書店洽詢選購。
- 圓神書活網，24小時訂購服務
  免費加入會員．享有優惠折扣：www.booklife.com.tw
- 郵政劃撥訂購：
  服務專線：02-25798800 讀者服務部
  郵撥帳號及戶名：13633081 方智出版社股份有限公司

國家圖書館出版品預行編目資料

怦然心動的人生整理魔法／近藤麻理惠 著；陳光棻 譯.
-- 初版. -- 臺北市：方智, 2011.11
256面；14.8×20.8公分. --（方智好讀；5）
ISBN 978-986-175-247-1（平裝）

1. 家庭佈置

422.5　　100019218